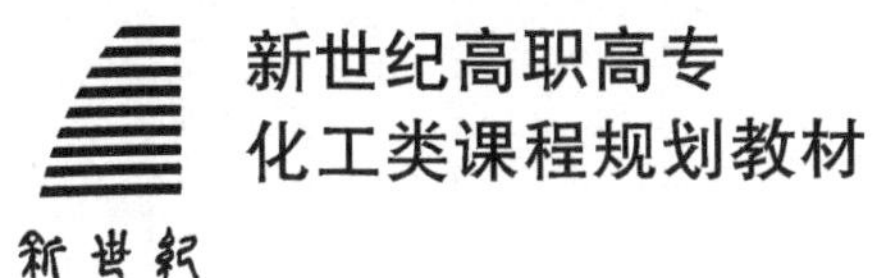

工业分析（实训篇）

新世纪高职高专教材编审委员会 组编
主 编 王英健 张 舵
副主编 张晓丽 智红梅

第二版

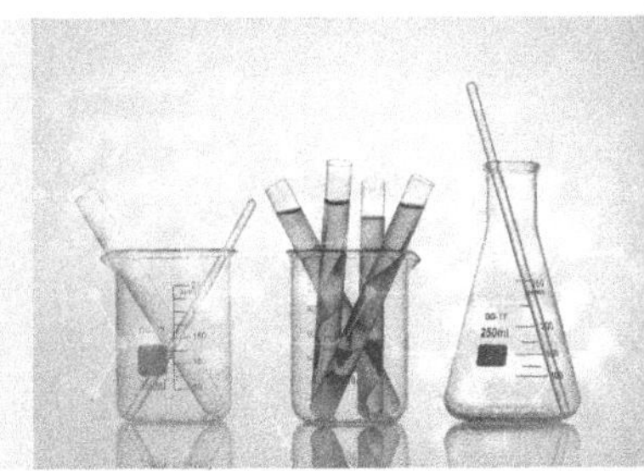

大连理工大学出版社

图书在版编目(CIP)数据

工业分析.实训篇/王英健,张舵主编.—2版.—大连:大连理工大学出版社,2010.1(2024.8重印)
新世纪高职高专化工类课程规划教材
ISBN 978-7-5611-3616-4

Ⅰ.工…　Ⅱ.①王…②张…　Ⅲ.工业分析—高等学校:技术学校—教材　Ⅳ.TB4

中国版本图书馆CIP数据核字(2007)第105764号

大连理工大学出版社出版
地址:大连市软件园路80号　邮政编码:116023
发行:0411-84708842　邮购:0411-84703636　传真:0411-84701466
E-mail:dutp@dutp.cn　URL:https://www.dutp.cn
北京虎彩文化传播有限公司印刷　　大连理工大学出版社发行

幅面尺寸:185mm×260mm　　印张:7.75　　字数:178千字
2007年7月第1版　　2010年1月第2版
2024年8月第7次印刷

责任编辑:雷春雨　　责任校对:徐　冰
封面设计:张　莹

ISBN 978-7-5611-3616-4　　定　价:18.00元

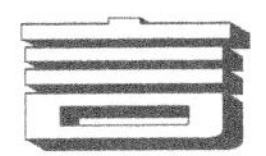

前言

《工业分析(实训篇)》(第二版)是新世纪高职高专教材编委会组编的化工类课程规划教材之一,与《工业分析(基础篇)》(第二版)配套使用。

本教材自第一版教材正式出版发行以来,得到了许多院校的建设性的意见和建议。第二版教材在保持了第一版教材的编写体系和特点的基础上,参照各兄弟学校提出的建议,按照高职高专工业分析与检验专业的人才培养要求、高职工业分析课程标准以及工业分析岗位分析任务,对相应的内容进行了调整,重点培养工业分析人员的综合素质和实际动手操作能力。本次修订主要做了如下工作:

1. 教材面向分析岗位群,突出实践性、实用性和应用性。按岗位对工业分析人员的知识、能力、素质要求,构建职业技能和职业素质必备的知识、技能体系,突出能力培养。

2. 参照国家最新标准对分析方法进行了修订和删减,力求体现新标准的内容和要求,增加新方法、新仪器和新技术。

3. 对教材的内容进行了精简,删除了部分章节。根据各院校的教学情况和经验,结合实验室条件和当前分析技术水平选择分析项目和方法,尽可能与岗位分析项目和方法相一致。

本教材共分11章,包括工业分析实验基础知识、煤质分析、硅酸盐分析、食品分析、钢铁分析、水质分析、气体分析、化学肥料分析、农药分析、石油产品分析和化工产品分析,主要介绍分析方法、分析原理、分析步骤、分析结果、注意事项等。原理浅显易懂,分析步骤简练易做,问题阐述明了,符合学生的认知水平和工业分析岗位对学生知识、能力、素质的要求。

本教材由辽宁石化职业技术学院王英健、齐齐哈尔大学应用技术学院张舵任主编，河南质量工程职业技术学院张晓丽、河南工业大学化工职业技术学院智红梅任副主编。具体编写分工如下：王英健编写第1、6、7、9、10章，张舵编写第2、3章，张晓丽编写第4、8章，智红梅编写第5、11章，全书由王英健统稿。

受编者水平和经验所限，书中难免存有疏漏和不足之处，恳请专家和读者批评指正。

编　者

2010年1月

所有意见和建议请发往：dutpgz@163.com
欢迎访问职教数字化服务平台：https://www.dutp.cn/sve/
联系电话：0411-84707492　0411-84706104

目 录

第1章

工业分析实验基础知识

1.1 概 述

1.1.1 工业分析实验的任务和内容

1. 工业分析实验的任务

工业分析是应用化学分析方法和仪器分析方法解决工业生产中的实际分析问题的学科，它主要研究工业生产中的原料、中间产品、辅助材料、产品及生产中产生的各种废物的分析检验方法，是生产工艺改进、新产品研发的重要手段。

工业分析实验课的根本任务是使学生加深对工业分析基本理论的理解，掌握工业分析实验的基本操作，掌握分析方法在岗位分析中的运用，训练学生灵巧的双手和科学的思维方式，使学生学会工业分析实验的预习方法，正确地处理实验数据和书写实验报告，培养学生具有一定的实验室管理知识和能力。

2. 工业分析实验的内容

通过工业分析实验操作学习试样的采取、制备和分解；学习煤质分析、硅酸盐分析、食品分析、钢铁分析、水质分析、气体分析、化学肥料分析、农药分析、石油产品分析、化工产品分析等岗位的分析内容，使所学工业分析理论、技能得到进一步的巩固和强化，提高知识的运用能力。毕业后学生可在石油、化工、轻工、建材、建筑、食品、药品、农业、林业、环保、钢铁等部门从事分析检验工作。

1.1.2 工业分析的过程

工业分析的过程是由工业物料的性质决定的。工业物料不是纯净的，其数量往往是成千上万吨，而且组成不均匀，溶解性能差，不同分析对象要求的分析结果准确度不同，因此工业分析过程包括试样的采取、试样的分解、试样的预处理、试样的测定和分析结果评价等。

1. 试样的采取

固体、液体和气体试样或样品是指在工业分析中被采取且用来进行分析的物质。工业分析要求被分析试样在组成和含量上能代表被分析的工业物料总体，否则会给生产和科研带来错误的结论，造成不必要的损失。试样的采取应严格遵守国家标准或行业标准的有关规定。

2. 试样的分解

工业分析操作通常是在水溶液中进行的,即将干燥好的试样分解后转入溶液中进行测定,仅有少量可采用特殊分析方法而不需要分解试样。试样的分解方法主要有溶解法和熔融法,可根据试样的性质和工业分析任务的要求选用适当的方法。

3. 试样的预处理

试样中常含有多种组分,在测定其中某一种组分时,其他共存组分往往会干扰测定。预处理就是去除试样中复杂的共存干扰组分,将被测组分处理到适合分析的含量及形态。一般采用加入掩蔽剂掩蔽,或采用沉淀、萃取、离子交换、色谱等分离方法将被测组分与干扰组分进行分离后再进行测定。

4. 试样的测定

每一种分析方法的灵敏度、选择性和适用范围不同,常根据被测组分的性质、含量以及准确度和分析速度的要求选择合适的分析方法。一般常量组分选择化学分析法,微量组分选择仪器分析法。

5. 分析结果评价

试样的测定都是按一定的计量关系来进行的,根据分析测定的数据计算出被测组分的含量。对测定结果应用所学有关误差、统计学知识进行判断和评价,确定分析结果的可靠性和准确度。

1.1.3 工业分析的质量保证

工业分析的结果是否准确受各种因素的影响,因此在建立工业分析实验室开始分析工作的同时,还要建立分析质量保证体系,将整个分析过程的误差降到最低。

1. 工业分析实验室的质量控制

工业分析实验室所得数据的质量要求限度与分析成本、分析安全、环保、分析速度等因素有关。通常这个限度就是在一定置信概率下所得到的数据能达到的准确度与精密度。为达到所要求的限度、获得准确的测定结果所采取的全部活动就是工业分析实验室的质量控制。

2. 工业分析实验室的质量保证

工业分析实验室质量保证的任务就是把系统误差、偶然误差、过失误差等所有误差降低到预期水平之内。质量保证的核心就是减少误差和保证分析结果准确可靠,即一方面,对从试样采取到获得分析结果的分析全过程所采取的各种降低误差的措施,进行质量控制;另一方面,采用切实有效的方法评价分析结果的质量,及时发现分析中存在的问题,保证分析结果的准确可靠。

工业分析实验室为了提高工作的科学化和管理水平,都编制了大量的质量保证文件和章程,建立了一整套规范可行的质量保证体系。

3. 分析结果准确可靠的保障措施

为使分析结果准确可靠,常采用如下方法:

(1)选择合适的分析方法以满足工业分析对准确度和灵敏度的要求。

(2)减小分析误差。

(3)增加平行测定次数,使平均值趋近真实值,从而减小偶然误差。

(4)消除分析过程中的系统误差。

①用已知准确结果的标准试样与被测试样一起进行对照实验,或用其他可靠的分析方法进行对照实验。

②在不加试样的情况下,按照试样分析同样的操作步骤和条件进行空白实验,测定空白值。

③为防止由于分析仪器不准确引起的系统误差,需在精确分析中校准仪器。

④对分析过程中的系统误差可采用适当的方法进行分析结果的校正。

1.1.4　工业分析实验的基本要求

工业分析是化学分析方法和仪器分析方法在岗位分析中的实际运用,工业分析实验是学生岗前模拟训练,每项实验都具有一定的代表性,能较好地体现出工业分析在其行业中的特点。学生每完成一项分析实验,在知识和技能上都会有所提高和突破。实验过程是学生手脑并用的实践过程,为充分利用工业分析课堂的有效时间,提高课堂的学习效率和效果,要求学生在实验预习、实验操作和实验报告书写等方面加强训练。

1. 实验预习

工业分析实验的应知、应会内容直接与岗位分析和职业技能鉴定接轨,知识技能的应用性很强,因此实验预习很关键,是理解、巩固、运用知识的过程,是思维能力、创新能力、分析问题和解决问题能力培养的最佳时机。学生应根据实验内容、工业分析理论知识和实验预习指导认真做好实验预习,即明确实验目的和原理,熟悉实验内容、实验所用仪器设备的特性和使用方法、化学试剂的配制、实验中所需注意的问题及安全环保知识,在此基础上写出预习报告,用最简洁的文字来表达整个分析操作过程。

2. 实验操作

实验操作是工业分析实验课程的重要环节。在实验操作过程中,应手脑并用,认真按照操作步骤规范操作,积极思考每一步骤的实验操作目的、实验现象所反映的内在本质,善于抓住实验中的操作要领,训练分析操作技巧。要知其然,也要知其所以然,保证实验的科学性、合理性和实用性。

在实验过程中,要按照教师的要求,正确处理实验中出现的各种问题,通过分析问题并解决问题,逐步培养独立操作的能力。

实验中严格遵守操作程序,不清楚的问题不随意动手,注意节约,避免损坏仪器设备,注意安全用水、用电、用气和安全环保,实验产生的废液要处理后再排放。实验结束后要及时拆卸、清洗并整理仪器,关好水、电、气的开关,并做好实验室卫生清扫工作。

3. 实验报告书写

书写实验报告是学习提升的过程,学生应在实验后独立完成。实验报告的内容及要求如下:实验数据有效数字的取舍要依据仪器或器具的精度以及分析方法的要求确定,选用正确的公式进行计算,用平行实验的平均值表示结果;要求实验原理清晰、简洁,实验步骤精炼符合规程,对实验设计以及分析中出现的问题、现象进行讨论,对分析中得出的结果进行正确的判断并给出结论。学生应在规定的时间内完成报告并交给任课教师。

1.2 溶液的配制

1.2.1 标准溶液的配制

标准溶液是滴定分析法中用于测定待测物质含量的溶液,浓度要求精确到四位有效数字。

1. 直接法

在分析天平上准确称取一定量的基准物质,溶解后转移到一定体积的容量瓶中,加水稀释至刻度,摇匀即可。根据称得的基准物质的质量和容量瓶体积计算标准溶液的准确浓度。基准物质在贮存过程中会吸潮、吸收二氧化碳,使用前必须经过烘干或灼烧处理。基准物质还可用于标定溶液的准确浓度。

2. 标定法

用优级纯或分析纯试剂配制成接近于所需浓度的溶液,再用基准物质测定其准确浓度,此测定过程称为标定。或者用另一种标准溶液来测定所配溶液的浓度,这一过程称为比较。

(1)用基准物质标定

称取一定量的基准物质,溶解后用被标定的溶液滴定,根据称取基准物质的质量、滴定所用被标定的溶液的体积、滴定时反应中的计量关系计算标准溶液的准确浓度。用基准物质标定的方法准确度较比较法高。

(2)用已知浓度的标准溶液标定(比较法)

用移液管准确吸取一定量的已知浓度为 c_B 的标准溶液 B,用被标定的溶液 A 进行滴定,根据所取溶液 B 的体积及其浓度 c_B 和滴定消耗溶液 A 的体积,即可计算被标定溶液 A 的准确浓度 c_A。也可用已知浓度的标准溶液 B 滴定被标定的溶液 A。

1.2.2 常用标准溶液的配制

1. 0.1 mol/L 盐酸标准滴定溶液的配制

通过计算求出配制 500 mL 0.1 mol/L HCl 溶液所需浓盐酸(相对密度 1.19,约 12 mol/L)的体积。然后用小量筒量取此量的浓盐酸,倾入预先盛有一定体积蒸馏水的试剂瓶中,加水稀释至 500 mL,盖好瓶塞,摇匀并贴上标签,待标定。配制时所取 HCl 的量需比计算的量适当多些。

(1)用甲基橙指示液指示终点

准确称取已烘干的基准物质无水碳酸钠 0.15~0.2 g,放入 250 mL 锥形瓶中。加入 50 mL 蒸馏水使其溶解,加 1 滴甲基橙指示液,用欲标定的 HCl 溶液滴定至溶液由黄色变为橙色即为终点。记下消耗的 HCl 溶液的体积。

(2)用溴甲酚绿-甲基红混合指示液指示终点

准确称取已烘干的基准物质无水碳酸钠 0.15~0.2 g,放入 250 mL 锥形瓶中。加入 50 mL 蒸馏水使其溶解,加 10 滴溴甲酚绿-甲基红混合指示液,用欲标定的 HCl 溶液滴定至溶液由绿色变成暗红色,煮沸 2 min,溶液由暗红色变为绿色,冷却后继续滴定至溶液呈暗红色，记下消耗的 HCl 溶液的体积。

2. 0.1 mol/L 氢氧化钠标准滴定溶液的配制

在托盘天平上用表面皿迅速称取 2.2～2.5 g NaOH 固体于小烧杯中，以少量蒸馏水洗去表面可能含有的 Na_2CO_3。用一定量的蒸馏水溶解，倾入 500 mL 试剂瓶中，加水稀释到 500 mL，用胶塞盖紧，摇匀（或加入 0.1 g $BaCl_2$ 或 $Ba(OH)_2$ 以除去溶液中可能含有的 Na_2CO_3），贴上标签，待测定。

准确称取已在 105～110 ℃下干燥至恒重的基准物质邻苯二甲酸氢钾 0.4～0.6 g 于 250 mL 锥形瓶中，加煮沸后刚刚冷却的 25 mL 水使之溶解（可稍微加热）。滴加 2 滴酚酞指示液，用欲标定的氢氧化钠溶液滴定至溶液由无色变为微红色且微红色在 30 s 内不消失即为终点。记下消耗的氢氧化钠溶液的体积。

3. 0.02 mol/L EDTA 标准滴定溶液的配制

称取分析纯 $Na_2H_2Y \cdot 2H_2O$ 3.7 g，溶于 300 mL 水中，加热溶解，冷却后转移至试剂瓶中，稀释至 500 mL，充分摇匀，待标定。

(1)以金属锌或 ZnO 为基准物质标定 EDTA

①Zn^{2+} 标准溶液的配制 $c(Zn^{2+}) = 0.02$ mol/L

Zn^{2+} 标准溶液可用金属锌、ZnO 等基准物质直接配制。

• 金属锌配制 Zn^{2+} 标准溶液

准确称取基准物质金属锌 0.33 g，置于小烧杯中，加入 5～6 mL HCl(1＋2)，待金属锌完全溶解后，以少量蒸馏水冲洗杯壁，定量转入 250 mL 容量瓶中，稀释至刻度，摇匀。

• ZnO 配制 Zn^{2+} 标准溶液

准确称取基准物质 ZnO 0.4 g 溶于 2 mL 浓 HCl 和 25 mL 水中，必要时加热促其溶解，定量转入 250 mL 容量瓶中，稀释至刻度，摇匀。

②标定 EDTA

• 铬黑 T 作指示剂

用移液管移取 25.00 mL Zn^{2+} 标准溶液于 250 mL 锥形瓶中，加 20 mL 水，滴加氨水(1＋1)至刚出现浑浊，此时 pH 值约为 8，然后加入 10 mL NH_3-NH_4Cl 缓冲溶液，加入 4 滴铬黑 T 指示液，用待标定的 EDTA 溶液滴定，当溶液由红色变为纯蓝色即为终点，记下消耗的 EDTA 溶液的体积。

• 二甲酚橙作指示剂

用移液管移取 25.00 mL Zn^{2+} 标准溶液于 250 mL 锥形瓶中，加 20 mL 水、二甲酚橙指示剂溶液 2～3 滴，加六亚甲基四胺至溶液呈稳定的紫红色（30 s 内不褪色），用待标定的 EDTA 溶液滴定，当溶液恰好从紫红色转变为亮黄色即为终点，记下消耗的 EDTA 溶液的体积。

(2)以 $CaCO_3$ 为基准物质标定 EDTA

①Ca^{2+} 标准溶液的配制 $c(Ca^{2+})=0.02$ mol/L

准确称取基准物质 $CaCO_3$ 0.5 g 于 150 mL 烧杯中，加入少量水润湿，盖上表面皿，然后滴加 HCl(1＋2)（应控制速度以防飞溅）使 $CaCO_3$ 全部溶解。以少量水冲洗表面皿，定量转入 250 mL 容量瓶中，稀释至刻度，摇匀。

②标定 EDTA

用移液管移取 25.00 mL Ca^{2+} 标准溶液于 250 mL 锥形瓶中，加 20 mL 蒸馏水，加入少量钙指示剂，滴加 KOH 溶液(约 20 滴)至溶液呈现稳定的紫红色，然后用待标定的 EDTA 溶液滴定，当溶液由紫红色变成蓝色即为终点，记下消耗的 EDTA 溶液的体积。

4. 0.1 mol/L $c(\frac{1}{5}KMnO_4)$ 标准滴定溶液的配制

配制 $c(\frac{1}{5}KMnO_4)=0.1$ mol/L 的 $KMnO_4$ 溶液 500 mL。称取 1.6 g $KMnO_4$ 固体于 500 mL 烧杯中，加入 520 mL H_2O 使之溶解。盖上表面皿，在电炉上加热至沸腾，缓缓煮沸 15 min，冷却后置于暗处静置数天(至少 2～3 天)后，用 G4 玻璃砂芯漏斗(用同样浓度 $KMnO_4$ 溶液缓缓煮沸 5 min)或玻璃纤维过滤，除去 MnO_2 等杂质，滤液贮存于干燥具玻璃塞的棕色试剂瓶中(用 $KMnO_4$ 溶液洗涤 2～3 次)，待标定。或溶解 $KMnO_4$ 后，保持微沸状态 1 h，冷却后过滤，滤液贮存于干燥棕色试剂瓶中，待标定。

准确称取 0.15～0.20 g 基准物质 $Na_2C_2O_4$(准确至 0.000 1 g)，置于 250 mL 锥形瓶中，加 30 mL 蒸馏水溶解，再加入 10 mL 3 mol/L 的 H_2SO_4 溶液，加热至 75～85 ℃(开始冒蒸汽)，趁热用待标定的 $KMnO_4$ 溶液滴定。加入一滴 $KMnO_4$ 溶液褪色后，再加下一滴。滴定至溶液呈粉红色且在 30 s 内不褪色即为终点。记录消耗的 $KMnO_4$ 溶液的体积。若用浓度较稀的 $KMnO_4$ 溶液，应在使用时用蒸馏水临时稀释并立即标定使用，不宜长期贮存。

5. 0.1 mol/L $c(\frac{1}{6}K_2Cr_2O_7)$ 标准滴定溶液的配制

(1)直接法配制

准确称取基准物质 $K_2Cr_2O_7$ 1.2～1.4 g，放于小烧杯中，加入少量水，加热溶解，定量转入 250 mL 容量瓶中，用水稀释至刻度，摇匀，计算其准确浓度。

(2)间接法配制

称取 2.5 g $K_2Cr_2O_7$ 于烧杯中，加 200 mL 水溶解，转入 500 mL 试剂瓶中。用少量水冲洗烧杯多次，转入试剂瓶，稀释至 500 mL。

用移液管准确量取 30.00～35.00 mL $K_2Cr_2O_7$ 溶液于碘量瓶中，加 2 g KI 及 20 mL H_2SO_4 溶液，立即盖好瓶塞，摇匀，用水封好瓶口，于暗处放置 10 min。打开瓶塞，冲洗瓶塞及瓶颈，加 150 mL 水，用 $c(Na_2S_2O_3)=0.1$ mol/L 的 $Na_2S_2O_3$ 标准溶液滴定至浅黄色，加 3 mL 淀粉指示液，继续滴定至溶液由蓝色变为亮绿色。记录消耗的 $Na_2S_2O_3$ 标准滴定溶液的体积。

6. 0.1 mol/L 硫代硫酸钠标准滴定溶液的配制

称取五水硫代硫酸钠 $Na_2S_2O_3\cdot5H_2O$ 13 g(或 8 g 无水硫代硫酸钠 $Na_2S_2O_3$)，溶于 500 mL 水中，缓缓煮沸 10 min，冷却。放置两周后过滤、标定。

准确称取约 0.12 g 基准物质 $K_2Cr_2O_7$(称准至 0.000 1 g) [或移取 $c(\frac{1}{6}K_2Cr_2O_7)=0.1$ mol/L 的 $K_2Cr_2O_7$ 标准溶液 25.00 mL]，放于 250 mL 碘量瓶中，加入 25 mL 煮沸并冷却后的蒸馏水溶解，加入 2 g 固体 KI 及 20 mL 20% H_2SO_4 溶液，立即盖上碘量瓶瓶塞，摇匀，瓶口加少许蒸馏水密封，以防止 I_2 的挥发。在暗处放置 5 min，打开瓶塞，用蒸馏水冲洗磨口塞、瓶颈内壁，加 150 mL 煮沸并冷却后的蒸馏水稀释，用待标定的 $Na_2S_2O_3$ 溶液滴定，至溶液出现淡黄绿色时，加 3 mL 5 g/L 的淀粉溶液，继续滴定至溶液由蓝色变为亮绿色即为终点。记录消耗的 $Na_2S_2O_3$ 溶液的体积。

7. 0.1 mol/L $c(\frac{1}{2}I_2)$ 标准滴定溶液的配制

配制 I_2-KI 溶液 500 mL。称取 6.5 g I_2 放于小烧杯中，再称取 17 g KI，准备蒸馏水 500 mL，将 KI 分 4～5 次放入装有 I_2 的小烧杯中，每次加水 5～10 mL，用玻璃棒轻轻研磨，使碘逐渐溶解，溶解部分转入棕色试剂瓶中，如此反复直至碘全部溶解为止。用水多次清洗烧杯并转入试剂瓶中，剩余的水全部加入试剂瓶中稀释，盖好瓶塞，摇匀，待标定。

(1)用 As_2O_3 标定

准确称取约 0.15 g 基准物质 As_2O_3(称准至 0.000 1 g)放于 250 mL 碘量瓶中，加入 4 mL NaOH 溶液溶解，加 50 mL 水、2 滴酚酞指示液，用硫酸溶液中和至恰好无色。加 3 g $NaHCO_3$ 及 3 mL 淀粉指示液。用配好的 I_2-KI 溶液滴定至溶液呈蓝色。记录消耗的 I_2-KI 溶液的体积，同时做空白实验。

(2)用 $Na_2S_2O_3$ 标准溶液标定

用移液管移取已知浓度的 $Na_2S_2O_3$ 标准溶液 30～35 mL 于碘量瓶中，加水 150 mL，加 3 mL 5 g/L 淀粉溶液，以待标定的 I_2-KI 溶液滴定至溶液呈蓝色。记录消耗的 I_2-KI 溶液的体积。

8. 0.1 mol/L $c(\frac{1}{6}KBrO_3)$ 标准滴定溶液的配制

配制 $KBrO_3$-KBr 溶液 500 mL。称取 1.4～1.5 g(称准至 0.1 g)$KBrO_3$ 和 6 g KBr 放于烧杯中，每次加入少量水溶解 $KBrO_3$ 和 KBr，至全部溶解，溶液转入试剂瓶中。用少量水冲洗烧杯，洗涤液一并转入试剂瓶中，最后稀释至 500 mL，摇匀，备用。

用移液管移取 $c(\frac{1}{6}KBrO_3)=0.1$ mol/L 的 $KBrO_3$-KBr 溶液 30.00～35.00 mL 于 250 mL 碘量瓶中，加入浓盐酸 5 mL，立即盖紧碘量瓶瓶塞，摇匀，用水封好瓶口，于暗处放置 5～10 min，打开瓶塞，冲洗瓶塞、瓶颈及瓶内壁，加入 10％的 KI 溶液 10 mL，立即用 $c(Na_2S_2O_3)=0.1$ mol/L 的 $Na_2S_2O_3$ 标准滴定溶液滴定，至溶液呈浅黄色时加淀粉指示液 5 mL，继续滴定至蓝色恰好消失即为终点。记录消耗的 $Na_2S_2O_3$ 溶液的体积。

9. 0.1 mol/L $AgNO_3$ 标准滴定溶液的配制

称取 8.5 g $AgNO_3$，溶于 500 mL 不含 Cl^- 的蒸馏水中，贮存于带玻璃塞的棕色试剂瓶中，摇匀，置于暗处，待标定。

准确称取基准物质 NaCl 0.12～0.15 g，放入锥形瓶中，加 50 mL 不含 Cl^- 的蒸馏水溶解，加 1 mL $K_2Cr_2O_4$ 指示剂，在充分摇动下，用待标定的 $AgNO_3$ 溶液滴定至溶液呈微红色即为终点。记录消耗的 $AgNO_3$ 溶液的体积。

工业分析实验常用溶液的配制和基本量见附录。

第 2 章

煤质分析

煤质分析阐述了煤的形成过程、煤的分类、煤的组成及煤试样的采取与制备的一些基本概念；主要介绍了煤的工业分析、煤中全硫的测定及煤的发热量的测定，煤中水分、灰分及挥发分测定的原理，煤中全硫测定的原理，煤的发热量的定义、表示方法及测定方法。本章主要介绍煤的工业分析和煤的发热量的测定方法及原理。

实验一　煤中水分的测定

【预习指导】

1. 空气干燥法测定煤中水分的方法原理；
2. 用干燥箱干燥的操作方法。

实验目的

1. 掌握空气干燥法的基本原理；
2. 掌握空气干燥法的操作技术。

实验原理

称取一定量的空气干燥煤样，置于 105～110 ℃干燥箱中，在空气流中干燥到质量恒定。然后根据煤样的质量损失计算出水分的含量。

实验仪器

1. 干燥箱：带有自动控温装置，内装有鼓风机，并能保持温度在 105～110 ℃范围内。
2. 干燥器：内装变色硅胶或粒状无水氯化钙。
3. 玻璃称量瓶：直径 40 mm，高 25 mm，并带有严密的磨口盖。
4. 分析天平：感量 0.000 1 g。

实验步骤

1. 用预先干燥并称量过的称量瓶称取粒度为 0.2 mm 以下的空气干燥煤样(1±0.1) g，精确至 0.000 2 g，使煤样平摊在称量瓶中。
2. 打开称量瓶盖，放入预先鼓风并已加热到 105～110 ℃的干燥箱中。在一直鼓风的条件下，烟煤干燥 1 h，无烟煤干燥 1～1.5 h。
3. 从干燥箱中取出称量瓶，立即盖上盖，放入干燥器中冷却至室温后(约 20 min)，称量。

4.进行干燥性检查，每次 30 min，直到连续两次干燥煤样的质量减少不超过 0.001 g 或质量增加时为止。在后一种情况下，要采用质量增加前一次的质量为计算依据。水分在 2%以下时不必进行干燥性检查。

实验结果

空气干燥煤样的水分按下式计算：

$$M_{ad}=\frac{m_1}{m}\times 100\%$$

式中　M_{ad}——空气干燥煤样的水分含量，%；

m_1——煤样干燥后失去的质量，g；

m——煤样的质量，g。

注意事项

1.预先鼓风是为了使温度均匀，将称好的装有煤样的称量瓶放入干燥箱前 3～5 min 就开始鼓风。

2.煤样应平摊在称量瓶中，严格按规定时间进行干燥。

3.进行干燥性检查时，注意防止煤样吸收空气中的水分。

思考题

1.预先鼓风的目的是什么？

2.进行干燥性检查时，为什么要连续干燥到试样质量增加时为止？

实验二　煤中灰分的测定

【预习指导】

1.缓慢灰化法测定煤中灰分的方法原理；

2.用马弗炉灼烧的操作方法。

实验目的

1.掌握缓慢灰化法的基本原理；

2.掌握缓慢灰化法的操作技术。

实验原理

称取一定量的空气干燥煤样，放入马弗炉中，以一定的速度加热到(815±10) ℃，灰化并灼烧到质量恒定。由残留物的质量和煤样的质量计算灰分产率。

实验仪器

1.马弗炉：能保持温度为(815±10) ℃。炉膛具有足够的恒温区。炉后壁的上部带有直径为 25～30 mm 的烟囱，下部离炉膛底 20～30 mm 处，有一个插热电偶的小孔，炉门上有一个直径为 20 mm 的通气孔。

2.瓷灰皿：长方形，上表面长 55 mm，宽 25 mm；底面长 45 mm，宽 22 mm；高 14 mm。

3.干燥器：内装变色硅胶或无水氯化钙。

4.分析天平：感量 0.000 1 g。

5.耐热瓷板或石棉板：尺寸与炉膛相适应。

实验步骤

1. 用预先灼烧至质量恒定的瓷灰皿称取粒度为 0.2 mm 以下的空气干燥煤样(1±0.1)g,精确至 0.000 2 g,使煤样均匀地摊平在瓷灰皿中,每平方厘米的质量不超过 0.15 g。

2. 将瓷灰皿送入温度不超过 100 ℃的马弗炉中,关上炉门并使炉门留有 15 mm 左右的缝隙。在不少于 30 min 的时间内将炉温缓慢上升至 500 ℃,并在此温度下保持 30 min。继续升到(815±10) ℃,并在此温度下灼烧 1 h。

3. 从炉中取出瓷灰皿,放在耐热瓷板或石棉板上,在空气中冷却 5 min 左右,移入干燥器中冷却至室温后(约 20 min),称量。

4. 进行检查性灼烧,每次 20 min,直到连续两次灼烧的质量变化不超过 0.001 g 为止。用最后一次灼烧后的质量为计算依据。

实验结果

空气干燥煤样的灰分按下式计算:

$$A_{ad}=\frac{m_1}{m}\times100\%$$

式中 A_{ad}——空气干燥煤样的灰分产率,%;

m_1——残留物的质量,g;

m——煤样的质量,g。

注意事项

1. 瓷灰皿应预先灼烧至质量恒定。空气干燥煤样的粒度应为 0.2 mm 以下。

2. 灰分低于 15%时,不必进行检查性灼烧。

思考题

1. 为什么要将瓷灰皿预先灼烧至质量恒定?

2. 简述马弗炉的使用方法。

实验三　煤中全硫的测定

【预习指导】

1. 艾氏卡法测定煤中全硫的方法原理;

2. 测定过程的操作要点;

3. 艾氏卡试剂的组成。

实验目的

1. 掌握艾氏卡法的基本原理;

2. 掌握沉淀的过滤及灼烧的操作技术要点。

实验原理

将煤样与艾氏卡试剂混合灼烧,煤中硫生成硫酸盐,然后使硫酸根离子生成硫酸钡沉淀,由硫酸钡的质量计算煤中全硫的含量。

1. 煤样与艾氏卡试剂(Na_2CO_3+MgO)混合灼烧。

$$煤\xrightarrow{空气\ O_2}CO_2\uparrow+NO_x\uparrow+SO_2\uparrow+SO_3\uparrow$$

2. 燃烧生成的 SO_2 和 SO_3 被艾氏卡试剂吸收，生成可溶性硫酸盐。

$$2Na_2CO_3 + 2SO_2 + O_2(\text{空气}) = 2Na_2SO_4 + 2CO_2 \uparrow$$

$$Na_2CO_3 + SO_3 = Na_2SO_4 + CO_2 \uparrow$$

$$2MgO + 2SO_2 + O_2(\text{空气}) = 2MgSO_4$$

3. 煤中的硫酸盐被艾氏卡试剂中的 Na_2CO_3 转化成可溶性 Na_2SO_4。

$$CaSO_4 + Na_2CO_3 = CaCO_3 + Na_2SO_4$$

4. 溶解硫酸盐，用沉淀剂 $BaCl_2$ 沉淀 SO_4^{2-}。

$$MgSO_4 + BaCl_2 = MgCl_2 + BaSO_4 \downarrow$$

$$Na_2SO_4 + BaCl_2 = 2NaCl + BaSO_4 \downarrow$$

实验仪器

1. 分析天平：感量 0.000 1 g。

2. 马弗炉：附测温和控温仪表。

实验试剂

1. 艾氏卡试剂：以 2 份质量的化学纯轻质氧化镁与 1 份质量的化学纯无水碳酸钠混匀并研细至粒度小于 0.2 mm 后，保存在密封容器中。

2. 盐酸溶液：(1+1)。

3. 氯化钡溶液：100 g/L。

4. 甲基橙溶液：20 g/L。

5. 硝酸银溶液：10 g/L，加入几滴硝酸，储存于深色瓶中。

6. 瓷坩埚：容量 30 mL 和 10～20 mL 两种。

实验步骤

1. 称取粒度小于 0.2 mm 的空气干燥煤样 1 g(称准至 0.000 2 g)和艾氏卡试剂 2 g(称准至 0.1 g)，于 30 mL 坩埚内仔细混合均匀，再用 1 g(称准至 0.1 g)艾氏卡试剂覆盖。

2. 将装有煤样的坩埚移入通风良好的马弗炉中，在 1～2 h 内从室温逐渐加热到 800～850 ℃，并在该温度下保持 1～2 h。

3. 将坩埚从炉中取出，冷却到室温。用玻璃棒将坩埚中的灼烧物仔细搅松捣碎，然后转移到 400 mL 烧杯中。用热水冲洗坩埚内壁，将洗液收入烧杯，再加入 100～150 mL 刚煮沸的水，充分搅拌。

4. 用中速定性滤纸以倾泻法过滤，用热水冲洗 3 次，然后将残渣移入滤纸中，用热水仔细清洗至少 10 次，洗液总体积约为 250～300 mL。

5. 向滤液中滴入 2～3 滴甲基橙指示液，加盐酸调至中性后，再加入 2 mL 盐酸，使溶液呈微酸性。将溶液加热至沸腾，在不断搅拌下滴加氯化钡溶液 10 mL，在近沸状态下保持约2 h，最后溶液体积为 200 mL 左右。

6. 溶液冷却或静置过夜后，用致密无灰定量滤纸过滤，并用热水冲洗至无氯离子为止(用硝酸银溶液检验)。

7. 将带沉淀的滤纸移入已知质量的瓷坩埚中，先在低温下灰化滤纸，然后在温度为 800～850 ℃的马弗炉内灼烧 20～40 min，取出坩埚，在空气中稍加冷却后，放入干燥器中冷却至室温(约 20 min),称量。

实验结果

空气干燥煤样的全硫含量按下式计算:

$$S_{t,ad}=\frac{(m_1-m_2)\times 0.1374}{m}\times 100\%$$

式中 $S_{t,ad}$——空气干燥煤样中的全硫含量,%;

m_1——硫酸钡质量,g;

m_2——空白实验的硫酸钡质量,g;

0.137 4——由硫酸钡换算为硫的系数;

m——煤样质量,g。

注意事项

1. 将灼烧好的煤样从马弗炉中取出后,在捣碎过程中如发现有未烧尽的煤粒,应在 800~850 ℃下继续灼烧 0.5 h。如果用沸水溶解后,发现尚有黑色煤粒漂浮在液面上,则本次测定作废。

2. 每配制一批艾氏卡试剂或更换其他任一试剂时,应进行两个以上空白实验(除不加煤样外,全部操作同样品操作),硫酸钡质量的极差不得大于 0.001 0 g,取算术平均值作为空白值。

思考题

1. 艾氏卡试剂是由哪些物质组成的?

2. 灼烧后的煤样用沸水溶解后,若尚有黑色煤粒漂浮在液面上,应如何处理?造成此现象的原因是什么?

实验四 煤的发热量的测定

【预习指导】

1. 煤的发热量的几种表示方法;

2. 氧弹式热量计法测定煤的发热量的方法原理;

3. 氧弹式热量计的构成及工作原理。

实验目的

1. 掌握煤的发热量测定的基本原理;

2. 掌握氧弹式热量计的操作技术要点。

实验原理

一定量的分析试样在氧弹式热量计中,在充有过量氧气的氧弹内燃烧。氧弹式热量计的热容量通过在相似条件下燃烧一定量的基准量热物苯甲酸来确定,根据试样点燃前后量热系统产生的温升,并对点火热等附加热进行校正即可求得试样的弹筒发热量。

实验仪器

1. 热量计

通用的热量计有两种,即恒温式和绝热式。它们的差别只在于外筒及附属的自动控温装置，其余部分无明显区别。热量计包括以下主件和附件：

（1）氧弹：由耐热、耐腐蚀的镍铬或镍铬钼合金钢制成，弹筒容积为 250～350 mL，弹盖上应装有供充氧和排气的阀门以及点火电源的接线电极。

（2）内筒：用紫铜、黄铜或不锈钢制成，断面可为圆形、菱形或其他适当形状。筒内装水 2 000～3 000 mL，以能浸没氧弹（进、出气阀和电极除外）为准。内筒外面应电镀抛光，以减少与外筒间的辐射作用。

（3）外筒：为金属制成的双壁容器，并有上盖。外壁为圆形，内壁形状则依内筒的形状而定，原则上要保持两者之间有 10～12 mm 的间距，外筒底部有绝缘支架，以便放置内筒。

①恒温式外筒：恒温式热量计配置恒温式外筒。盛满水的外筒的热容量应不小于热量计热容量的 5 倍，以便保持实验过程中外筒温度基本恒定。外筒外面可加绝缘保护层，以减少室温波动的影响。用于外筒的温度计应有 0.1 K 的最小分度值。

②绝热式外筒：绝热式热量计配置绝热式外筒。外筒中装有电加热器，通过自动控温装置，外筒中的水温能紧密跟踪内筒的温度。外筒中的水还应在特制的双层上盖中循环。自动控温装置的灵敏度，应能达到使点火前和终点后内筒温度保持稳定（5 min 内温度变化不超过 0.002 K）；在一次实验的升温过程中，内外筒间的热交换量应不超过 20 J。

（4）搅拌器：螺旋桨式，转速 400～600 r/min 为宜，并应保持稳定。搅拌效率应能使热容量标定中由点火到终点的时间不超过 10 min，同时又要避免产生过多的搅拌热（当内、外筒温度和室温一致时，连续搅拌 10 min 所产生的热量不应超过 120 J）。

（5）量热温度计：内筒温度测量误差是发热量测定误差的主要来源。对温度计的正确使用具有特别重要的意义。

①玻璃水银温度计：常用的玻璃水银温度计有两种，一种是固定测温范围的精密温度计，另一种是可变测温范围的贝克曼温度计。两者的最小分度值应为 0.01 K，使用时应根据计量机关检定证书中的修正值做必要的校正。两种温度计应每隔 0.5 K 检定一点，以得出刻度修正值（贝克曼温度计则称为毛细孔径修正值）。贝克曼温度计除这个修正值外还有一个称为“平均分度值”的修正值。

②各种类型的数字显示精密温度计：需经过计量机关的检定，证明其测温准确度至少达到 0.002 K（经过校正后），以保证测温的准确性。

2.附属设备

温度计读数放大镜和照明灯；振荡器；燃烧皿；压力表和氧气导管；点火装置；压饼机；秒表或其他能指示 10 s 的计时器；天平（分析天平：感量 0.1 mg；工业天平：载重量 4～5 kg，感量 1 g）。

3.材料

点火丝：直径 0.1 mm 左右的铂、铜、镍铬丝或其他已知热值的金属丝，如使用棉线，则应选用粗细均匀、不涂蜡的白棉线。各种点火丝点火时放出的热量如下：铁丝 6 700 J/g（1 602 cal/g）；镍铬丝 1 400 J/g （335 cal/g）；铜丝 2 500 J/g （598 cal/g）；棉线 17 500 J/g （4 185 cal/g）。

实验试剂

1. 氧气:不含可燃成分,因此不许使用电解氧。

2. 苯甲酸:经计量机关检定并标明热值的苯甲酸。

3. 氢氧化钠标准溶液(供测弹筒洗液中硫用):0.1 mol/L。

4. 甲基红指示剂:0.2%。

实验步骤

1. 在燃烧皿中精确称取分析煤样(粒度小于 0.2 mm)1～1.1 g(称准至 0.000 2 g)。

2. 取一段已知质量的点火丝,把两端分别接在两个电极柱上。往氧弹中加入 10 mL 蒸馏水。小心拧紧氧弹盖,注意避免燃烧皿和点火丝的位置因受震动而改变。接上氧气导管,往氧弹中缓缓充入氧气,直到压力达到 2.6～2.8 MPa(26～28 atm)。充氧时间不得少于 30 s。当钢瓶中氧气压力降到 5.0 MPa(50 atm) 以下时,充氧时间应酌量延长。

3. 往内筒中加入足够的蒸馏水,使氧弹盖的顶面(不包括突出的氧气阀和电极)淹没在水面下 10～20 mm。每次实验时用水量应与标定热容量时一致(相差 1 g 以内)。水量最好用称重法测定。如用容量法,则需对温度变化进行补正。注意恰当调节内筒水温,使终点时内筒比外筒温度高 1 K 左右,以使终点时内筒温度出现明显下降。外筒温度应尽量接近室温,相差不得超过 1.5 K。

4. 把氧弹放入装好水的内筒中。如氧弹中无气泡漏出,则表明气密性良好,即可把内筒放在外筒的绝缘架上。然后接上点火电极插头,装上搅拌器和量热温度计,并盖上外筒盖子。温度计的水银球应对准氧弹主体(进、出气阀和电极除外)的中部,温度计和搅拌器均不得接触氧弹和内筒。靠近量热温度计的露出水银柱的部位,应另悬一支普通温度计,用以测定露出柱的温度。

5. 开动搅拌器,5 min 后开始计时和读取内筒温度(t_0)并立即通电点火。随后记下外筒温度(t_j)和露出柱温度(t_e)。外筒温度至少读到 0.05 K,内筒温度借助放大镜读到 0.001 K。读取温度时,视线、放大镜中线和水银柱顶端应位于同一水平线上,以避免视差对读数的影响。每次读数前,应开动振荡器振动 3～5 s。

6. 观察内筒温度(注意:点火后 20 s 内不要把身体的任何部位伸到热量计上方)。如在 30 s 内温度急剧上升,则表明点火成功。点火后 1 min 40 s 时读取一次内筒温度($t_{1'40''}$),读到 0.01 K 即可。

7. 接近终点时,开始按 1 min 间隔读取内筒温度。读温前开动振荡器,要读到 0.001 K。以第一个下降温度作为终点温度(t_n)。实验主要阶段至此结束。

注:一般热量计由点火到终点的时间为 8～10 min。对于一台具体热量计,可根据经验恰当掌握。

8. 停止搅拌,取出内筒和氧弹,开启放气阀,放出燃烧废气,打开氧弹,仔细观察弹筒和燃烧皿内部,如果有试样燃烧不完全的迹象或有炭黑存在,实验应作废。

9. 找出未烧完的点火丝并量出长度,以便计算实际消耗量。

10. 用蒸馏水充分冲洗氧弹内各部分、放气阀、燃烧皿内外和燃烧残渣。把全部洗液(共约 100 mL)收集在一个烧杯中供测硫使用。

实验结果

1.校正

(1)温度计刻度校正

根据检定证书中所给的修正值(贝克曼温度计称为毛细孔径修正值)校正点火温度 t_0 和终点温度 t_n,再由校正后的温度(t_0+h_0)和(t_n+h_n)求出温升,其中 h_0 和 h_n 分别代表 t_0 和 t_n 的刻度修正值。

(2)若使用贝克曼温度计,需进行平均分度值的校正

调定基点温度后,应根据检定证书中所给的平均分度值计算该基点温度下的对应于标准露出柱温度(根据检定证书所给的露出柱温度计算而得)的平均分度值 H_0。

在实验中,当实验时的露出柱温度 t_e 与标准露出柱温度相差 3 ℃以上时,按下式计算平均分度值 H:

$$H=H_0+0.000\,16(t_s-t_e)$$

式中　H_0——该基点温度下对应于标准露出柱温度时的平均分度值;

t_s——该基点温度所对应的标准露出柱温度,℃;

t_e——实验中的实际露出柱温度,℃。

(3)冷却校正

绝热式热量计的热量损失可以忽略不计,因而无需冷却校正。恒温式热量计的内筒在实验过程中与外筒间始终发生热交换,对此散失的热量应予校正,办法是在温升中加一个校正值 C,这个校正值称为冷却校正值,计算方法如下:

首先根据点火时和终点时的内外筒温差(t_0-t_j)和(t_n-t_j),从 v-($t-t_j$)关系曲线中查出相应的 v_0 和 v_n。或根据预先标定出的公式计算出 v_0 和 v_n:

$$v_0=k(t_0-t_j)+A$$

$$v_n=k(t_n-t_j)+A$$

式中　v_0——点火时在内、外筒温差的影响下造成的内筒降温速度,K/min;

v_n——终点时在内、外筒温差的影响下造成的内筒降温速度,K/min;

k——热量计的冷却常数,min^{-1};

A——热量计的综合常数,K/min;

t_0——点火时的内筒温度,℃;

t_n——终点时的内筒温度,℃;

t_j——外筒温度,℃。

然后按下式计算冷却校正值:

$$C=(n-\alpha)v_n+\alpha v_0$$

式中　C——冷却校正值,K;

n——由点火到终点的时间,min;

α——当 $\Delta/\Delta_{1'40''}\leqslant1.20$ 时,$\alpha=\Delta/\Delta_{1'40''}-0.10$;当 $\Delta/\Delta_{1'40''}>1.20$ 时,$\alpha=\Delta/\Delta_{1'40''}$。其中 Δ 为内筒总温升($\Delta=t_n-t_0$),$\Delta_{1'40''}$ 为点火后 $1'40''$ 时的温升($\Delta_{1'40''}=t_{1'40''}-t_0$)。

2.发热量的计算

(1)恒温式热量计

$$Q_{b,ad}=\frac{EH[(t_n+h_n)-(t_0+h_0)+C]-(q_1+q_2)}{m}$$

式中 $Q_{b,ad}$——分析试样的弹筒发热量,J/g;

E——热量计的热容量,J/K;

H——贝克曼温度计的平均分度值;

C——冷却校正值,K;

t_0——点火时的内筒温度,℃;

t_n——终点时的内筒温度,℃;

h_0——温度计刻度校正,t_0 刻度修正值,℃;

h_n——温度计刻度校正,t_n 刻度修正值,℃;

q_1——点火热,J;

q_2——添加物如包纸等产生的总热量,J;

m——试样质量,g。

(2)绝热式热量计

$$Q_{b,ad}=\frac{EH[(t_n+h_n)-(t_0+h_0)]-(q_1+q_2)}{m}$$

式中各项含义同上。

(3)高位发热量 $Q_{gr,ad}$

$$Q_{gr,ad}=Q_{b,ad}-(95S_{b,ad}+\alpha Q_{b,ad})$$

式中 $Q_{gr,ad}$——分析试样的高位发热量,J/g;

$Q_{b,ad}$——分析试样的弹筒发热量,J/g;

$S_{b,ad}$——由弹筒洗液测得的煤的含硫量,%;

95——煤中每1%的硫的校正值,J;

α——硝酸校正系数:当 $Q_{b,ad}\leqslant 16\ 700$ J/g 时,$\alpha=0.001$;当 16 700 J/g$<Q_{b,ad}<$25 100 J/g 时,$\alpha=0.001\ 2$;当 $Q_{b,ad}>25\ 100$ J/g 时,$\alpha=0.001\ 6$。

当 $Q_{b,ad}>16\ 700$ J/g 或者 12 500 J/g$<Q_{b,ad}<$16 700 J/g,同时 $S_{b,ad}\leqslant 2\%$ 时,可用 $S_{t,ad}$ 代替 $S_{b,ad}$。

注意事项

1. 新氧弹和新换部件(杯体、弹盖、连接环)的氧弹应经 15.0 MPa(150 atm)的水压实验证明无问题后方能使用。此外,应经常注意观察与氧弹强度有关的结构,如杯体和连接环的螺纹、氧气阀和电极同弹盖的连接处等,如发现显著磨损或松动,应进行修理,并经水压实验后再用。另外,还应定期对氧弹进行水压实验,每次水压实验后,氧弹的使用时间不得超过一年。

2. 称取试样时,对于燃烧时易于飞溅的试样,可先用已知质量的擦镜纸包裹,或先在压饼机中压饼并切成 2~4 mm 的小块使用。对于不易燃烧完全的试样,可先在燃烧皿底部铺上一个石棉垫,或用石棉绒做衬垫(先在皿底铺上一层石棉绒,然后以手压实)。石英燃烧皿不需任何衬垫。如加衬垫仍燃烧不完全,可提高充氧压力至 3.0~3.2 MPa(30~32 atm),或用已知质量和发热量的擦镜纸包裹称好的试样并用手压紧,然后放入燃烧皿中。

3. 连接点火丝时,注意与试样保持良好接触或保持微小的距离(对易飞溅和易燃的煤），并注意勿使点火丝接触燃烧皿，以免形成短路而导致点火失败，甚至烧毁燃烧皿。同时还应注意防止两电极间以及燃烧皿与电极之间的短路。

4. 把氧弹放入装好水的内筒中时，如有气泡出现，则表明漏气，应找出原因并加以纠正后，重新充氧。

思考题

1. 称样时，对于不易燃烧完全的试样应如何处理？

2. 连接点火丝时，为什么要与试样保持良好接触或微小距离？

3. 把氧弹放入装好水的内筒中时，应进行什么检查？

第 3 章

硅酸盐分析

硅酸盐分析阐述了硅酸盐的分类、组成、样品的分解及各主要成分的分析测定方法。学习过程中应注意了解硅酸盐中氧化铁、二氧化钛、氧化钙、氧化镁的分析方法，重点掌握硅酸盐中二氧化硅、氧化铝的主要分析方法及测定原理。本章主要介绍硅酸盐中几种主要成分的分析测定方法。

实验五　硅酸盐中二氧化硅含量的测定

【预习指导】

1. 氟硅酸钾滴定法测定硅酸盐中二氧化硅含量的方法原理；
2. 操作过程中所加入试剂的作用；
3. 熔融法的操作技术要点。

实验目的

1. 掌握氟硅酸钾滴定法的基本原理和操作步骤；
2. 掌握熔融法的操作原理、操作技术和要点。

实验原理

在试样经苛性碱熔剂熔融后，加入硝酸使硅生成游离硅酸。在有过量的氟、钾离子存在的强酸性溶液中，使硅形成氟硅酸钾(K_2SiF_6)沉淀，经过滤、洗涤及中和残余酸后，加沸水使氟硅酸钾沉淀水解生成等物质的量的氢氟酸，然后以酚酞为指示剂，用氢氧化钠标准滴定溶液进行滴定，终点颜色为粉红色。氟硅酸钾沉淀水解反应式如下：

$$K_2SiF_6 + 3H_2O = 2KF + H_2SiO_3 + 4HF$$

实验仪器

滴定分析法常用仪器。

实验试剂

1. 氟化钾溶液：称取 150 g 二水氟化钾($KF \cdot 2H_2O$)于塑料杯中，加水溶解后，用水稀释至 1 L，贮于塑料瓶中。

2. 氯化钾溶液：50 g/L，将 50 g 氯化钾(KCl)溶于水中，用水稀释至 1 L。

3. 氯化钾-乙醇溶液：50 g/L，将 5 g 氯化钾(KCl)溶于 50 mL 水中，加入 50 mL 95%(体积分数)乙醇，混匀。

4. 酚酞指示剂溶液：10 g/L，将 1 g 酚酞溶于 100 mL 95%(体积分数)乙醇中。

5. 氢氧化钠标准滴定溶液：0.15 mol/L，将 60 g 氢氧化钠溶于 10 L 水中，充分摇匀，贮存于带胶塞(装有钠石灰干燥管)的硬质玻璃瓶或塑料瓶内。

氢氧化钠标准滴定溶液的标定：称取约 0.8 g(精确至 0.000 1 g)苯二甲酸氢钾($C_8H_5KO_4$)，置于 400 mL 烧杯中，加入约 150 mL 新煮沸过的已用氢氧化钠溶液中和至酚酞呈微红色的冷水，搅拌，使其溶解，加入 6～7 滴酚酞指示液，用氢氧化钠标准滴定溶液滴定至微红色。

实验步骤

1. 试样的制备

称取约 0.5 g 试样，精确至 0.000 1 g，置于铂坩埚中，加入 6～7 g 氢氧化钠，在 650～700 ℃的高温下熔融 20 min，取出冷却。将坩埚放入盛有 100 mL 近沸腾水的烧杯中，盖上表面皿，于电热板上适当加热，待熔块完全浸出后，取出坩埚，用热盐酸(1+5)洗净坩埚和盖，在搅拌下一次加入 25～30 mL 盐酸，再加入 1 mL 硝酸，将溶液加热至沸，冷却，然后移入 250 mL 容量瓶中，用水稀释至标线，摇匀。此溶液供测定二氧化硅、氧化铁、氧化铝、氧化钙、氧化镁、二氧化钛用。

2. 二氧化硅的测定

吸取 50.00 mL 待测试样溶液，放入 250～300 mL 塑料杯中，加入 10～15 mL 硝酸，搅拌，冷却至 30 ℃以下，加入氯化钾，仔细搅拌至饱和并有少量氯化钾析出，再加 2 g 氯化钾及 10 mL 氟化钾溶液，仔细搅拌(如氯化钾析出量不够，应再补充加入)，放置 15～20 min。用中速滤纸过滤，用氯化钾溶液(50 g/L)洗涤塑料杯及沉淀 3 次。将滤纸连同沉淀取下置于原塑料杯中，沿杯壁加入 10 mL 30 ℃以下的氯化钾-乙醇溶液及 1 mL 酚酞指示剂溶液，用氢氧化钠标准滴定溶液中和未洗尽的酸，仔细搅动滤纸并以之擦洗杯壁直至溶液呈红色。向杯中加入 200 mL 沸水(煮沸并用氢氧化钠溶液中和至酚酞呈微红色)，用氢氧化钠标准滴定溶液滴定至微红色。

实验结果

SiO_2 的质量分数按下式计算：

$$w(SiO_2)=\frac{c\times(V-V_0)\times10^{-3}\times15.02}{m}\times100\%$$

式中 $w(SiO_2)$——SiO_2 的质量分数，%；

c——NaOH 标准滴定溶液的物质的量浓度，mol/L；

V——试样消耗的 NaOH 标准滴定溶液的体积，mL；

V_0——空白消耗的 NaOH 标准滴定溶液的体积，mL；

m——试样质量，g；

15.02——$\frac{1}{4}SiO_2$ 的摩尔质量，g/mol。

注意事项

1. 分解试样时，在系统分析中多采用氢氧化钠作熔剂，在银坩埚中熔融；而单独称样测定二氧化硅时，可采用氢氧化钾作熔剂，在镍坩埚中熔融；或以碳酸钾作熔剂，在铂坩埚中熔融。

2. 溶液的酸度以在 50 mL 实验液中加入 10～15 mL 浓硝酸(即酸度为 3 mol/L 左右)为宜。酸度过低易形成其他金属的氟化物沉淀而干扰测定;酸度过高将使 K_2SiF_6 沉淀反应不完全,同时会给后面的沉淀洗涤、残余酸的中和等操作带来不必要的麻烦。

3. 过量的钾离子有利于 K_2SiF_6 沉淀完全,这是本法的关键之一。在加入氯化钾操作中应注意:氯化钾颗粒如较粗,应用瓷研钵(不用玻璃研钵,以防引入空白)研细,以便于溶解;加入固体氯化钾时,要不断搅拌,压碎氯化钾颗粒,溶解后再加,直到不再溶解为止,再过量 1～2 g;加入浓硝酸后,溶液温度升高,应先冷却至 30 ℃以下,再加入氯化钾至饱和(因氯化钾的溶解度随温度的变化改变较大)。

4. 量取氟化钾溶液时应用塑料量杯,否则会因腐蚀玻璃而带入空白。氟化钾的加入量要适宜,若加入量过多,则 Al^{3+} 易与过量的氟离子生成 K_3AlF_6 沉淀,该沉淀水解生成氢氟酸将使测定结果偏高。一般在含有 0.1 g 试样的溶液中,加入 150 g/L 的 $KF \cdot 2H_2O$ 溶液 10 mL 即可。

5. 氟硅酸钾晶体中夹杂的硝酸严重干扰测定。若采用洗涤法彻底除去硝酸,会使氟硅酸钾严重水解,因而只能洗涤 2～3 次,残余的酸则采用中和法消除。

思考题

1. 测定过程中溶液的酸度应控制在什么范围之内?为什么?

2. 量取氟化钾溶液时为什么要用塑料量杯?氟化钾加入量过多会造成什么后果?

实验六　硅酸盐中氧化铝含量的测定

【预习指导】

1. 氟化物置换滴定法测定硅酸盐中氧化铝含量的方法原理;

2. 置换滴定法的基本原理;

3. 置换滴定法的操作技术要点。

实验目的

1. 掌握氟化物置换滴定法的基本原理;

2. 掌握置换滴定法的操作方法。

实验原理

向滴定铁后的溶液中,加入苦杏仁酸溶液掩蔽 TiO^{2+},然后加入过量 EDTA 标准滴定溶液,调节溶液 pH=6.0,煮沸数分钟,使铝及其他金属离子和 EDTA 配合,以半二甲酚橙为指示剂,用乙酸锌标准滴定溶液回滴过量的 EDTA。再加入氟化钾溶液使 Al^{3+} 与 F^- 生成更为稳定的配合物 AlF_6^{3-},煮沸置换铝-EDTA 配合物中的 EDTA,然后再用乙酸锌标准溶液滴定置换出的 EDTA,相当于溶液中 Al^{3+} 的含量。

实验仪器

滴定分析法常用仪器。

实验试剂

1. 氟化钾溶液:200 g/L,贮存于塑料瓶中。

2. 乙酸-乙酸钠缓冲溶液：pH=5.7，称取 200 g 乙酸钠($CH_3COONa \cdot 3H_2O$)溶于水中，加 6 mL 冰乙酸，用水稀释至 1 000 mL，摇匀。

3. EDTA 溶液：0.1 mol/L，37.2 g EDTA 二钠盐，加热溶解于水中，冷却，加水至 1 000 mL，摇匀。

4. 三氧化二铝标准溶液：1.00 mg/mL，准确称取 0.529 3 g 高纯铝片(预先用 6 mol/L HCl 洗净表面，然后分别用水和无水乙醇洗涤风干后备用) 置于烧杯中，用 20 mL 6 mol/L HCl 溶解，移入 1 000 mL 容量瓶中，冷却至室温，用水稀释至刻度，摇匀。

5. 乙酸锌标准滴定溶液：0.1 mol/L，称取 44 g 乙酸锌[$Zn(Ac)_2 \cdot 2H_2O$]溶解在水中，用乙酸调整至 pH=5.7，过滤，加水至 2 000 mL。

乙酸锌标准滴定溶液的标定：取 10.00 mL(或 5.00 mL)三氧化二铝标准溶液(1 mg/mL Al_2O_3)置于 200 mL 烧杯中，加 10 mL 0.1 mol/L EDTA 溶液，放入一片刚果红试纸，用 7 mol/L的 NH_4OH 调至刚果红试纸变红色，盖上表面皿，加热煮沸 2～3 min 取下，加 10 mL pH=5.7 的 NaAc-HAc 缓冲溶液，放冷水中冷却，用水冲洗表面皿及烧杯壁，加 2～3滴 5 g/L 半二甲酚橙溶液，滴加 50 g/L $Zn(Ac)_2$ 溶液至接近终点，继而再用 0.1 mol/L $Zn(Ac)_2$ 标准滴定溶液滴定至橙红色为终点(不计读数)，立即加入 5 mL 200 g/L KF 溶液，搅匀，用玻璃棒压住刚果红试纸，再小心煮沸 3 min 取下，立即放入流水中冷却，用 0.1 mol/L $Zn(Ac)_2$ 标准滴定溶液滴定至橙红色为终点，记下读数。

6. 半二甲酚橙溶液：5 g/L。

7. 苦杏仁酸溶液：100 g/L。

实验步骤

从滴定铁后的溶液中分取 25 mL(当 $w(Al_2O_3)/10^{-2}<15$ 时)或 15 mL(当 $w(Al_2O_3)/10^{-2}>15$ 时)置于 200 mL 烧杯中，加入 10 mL 的苦杏仁酸溶液掩蔽 TiO^{2+}，加 10 mL EDTA 溶液，放入一小片刚果红试纸，用 7 mol/L 的 NH_4OH 调至刚果红试纸变红色，盖上表面皿，加热煮沸 2～3 min 取下。加 10 mL pH=5.7 的 NaAc-HAc 缓冲溶液，放冷水中冷却。用水冲洗表面皿及烧杯壁，加 2～3 滴半二甲酚橙溶液，滴加 $Zn(Ac)_2$溶液至接近终点，继而再用乙酸锌标准滴定溶液滴定至橙红色为终点(不计读数)，立即加入 5 mL KF 溶液，搅匀，用玻璃棒压住刚果红试纸，再小心煮沸 3 min 取下。立即放入流水中冷却，用乙酸锌标准滴定溶液滴定至橙红色为终点，记下读数。

实验结果

Al_2O_3 的质量分数按下式计算：

$$w(Al_2O_3)=\frac{V_1\times T\times 10^{-3}}{m\times\dfrac{V_2}{V}}\times 100\%$$

式中 $w(Al_2O_3)$——Al_2O_3 的质量分数，%；

V_1——滴定试样溶液消耗的标准滴定溶液的体积，mL；

T——标准滴定溶液对 Al_2O_3 的滴定度，mg/mL；

V——试样溶液总体积，mL；

m——试样的质量，g；

V_2——分取试样溶液体积，mL。

注意事项

1. 试样粒度应小于 74 μm,试样应在 105 ℃下预干燥 2～4 h,置干燥器中,冷却至室温。

2. 由于 TiO-EDTA 配合物也能被 F^- 置换,定量地释放出 EDTA,若不掩蔽 Ti,则所测结果为铝钛混合量。为得到纯铝量,预先要加入苦杏仁酸掩蔽钛。10 mL 100 g/L 苦杏仁酸溶液可消除试样中 2%～5%的 TiO_2 的干扰。用苦杏仁酸掩蔽钛的适宜 pH 为 3.5～6。

3. 以半二甲酚橙为指示剂,以锌盐溶液返滴定剩余的 EDTA 恰至终点,此时溶液中已无游离的 EDTA 存在,因尚未加入 KF 进行置换,故不必记录锌盐溶液的消耗体积。当第一次用锌盐溶液滴定至终点后,要立即加入氟化钾溶液且加热,进行置换,否则,痕量的钛会与半二甲酚橙指示剂配位形成稳定的橙红色配合物,影响第二次滴定。

4. 氟化钾的加入量不宜过多,因大量的氟化物可与 Fe^{3+}-EDTA 中的 Fe^{3+} 反应而造成误差。在一般分析中,100 mg 以内的 Al_2O_3,加 1 g 氟化钾(或 10 mL 200 g/L 的 KF 溶液)可完全满足置换反应的需要。

思考题

1. 若测定铝前没有用苦杏仁酸掩蔽钛,计算公式应如何修改?

2. 为什么第一次用乙酸锌溶液滴定时,不必记录所消耗的体积?

实验七　硅酸盐中氧化铁含量的测定

【预习指导】

1. 原子吸收分光光度法测定硅酸盐中氧化铁含量的方法原理;

2. 原子吸收光谱仪、铁元素空心阴极灯等有关仪器的使用方法;

3. 原子吸收分光光度法的操作技术要点。

实验目的

1. 掌握原子吸收分光光度法的基本原理;

2. 掌握原子吸收光谱仪、铁元素空心阴极灯等有关仪器的操作原理。

实验原理

试样经氢氟酸和高氯酸分解后,分取一定量的溶液,以锶盐消除硅、铝、钛等对铁的干扰。在空气-乙炔火焰中,于波长248.3 nm处测定吸光度。

实验仪器

1. 原子吸收光谱仪;

2. 铁元素空心阴极灯等有关仪器。

实验试剂

1. 氯化锶溶液:50 g/L,将 152.2 g 氯化锶 ($SrCl_2 \cdot 6H_2O$)溶解于水中,用水稀释至 1 L,必要时过滤。

2. 三氧化二铁标准溶液:0.1 mg/mL,称取 0.100 0 g 已于 950 ℃下灼烧 1 h 的 Fe_2O_3(高纯试剂),置于 300 mL 烧杯中,依次加入 50 mL 水、30 mL 盐酸(1+1)、2 mL 硝酸,低温加热至全部溶解,冷却后移入 1 000 mL 容量瓶中,用水稀释至标线,摇匀。

实验步骤

1.绘制工作曲线

吸取 0.1 mg/mL 三氧化二铁的标准溶液 0.00 mL、10.00 mL、20.00 mL、30.00 mL、40.00 mL、50.00 mL 分别放入 500 mL 容量瓶中，加入 25 mL 盐酸及 10 mL 氯化锶溶液，用水稀释至标线，摇匀。将原子吸收光谱仪调节至最佳工作状态，在空气-乙炔火焰中，用铁元素空心阴极灯，于波长 248.3 nm 处，以水校零测定溶液的吸光度。用测得的吸光度作为相应三氧化二铁含量的函数，绘制工作曲线。

2.测定三氧化二铁

直接取用或分取一定量的待测试样溶液，放入容量瓶中(试样溶液的分取量及容量瓶的容积视三氧化二铁的含量而定)，加入氯化锶溶液，使测定溶液中锶的浓度为 1 mg/mL。用水稀释至标线，摇匀。用原子吸收光谱仪、铁元素空心阴极灯，于波长248.3 nm处，在与绘制工作曲线相同的仪器条件下测定溶液的吸光度，在工作曲线上查得三氧化二铁的浓度。

实验结果

Fe_2O_3 的质量分数按下式计算：

$$w(Fe_2O_3)=\frac{c\times V\times n\times 10^{-3}}{m}\times 100\%$$

式中　$w(Fe_2O_3)$——Fe_2O_3 的质量分数，%；

c——测定溶液中 Fe_2O_3 的浓度，mg/mL；

V——测定溶液的体积，mL；

n——全部试样溶液与所分取试样溶液的体积比；

m——试样质量，g。

注意事项

1.原子吸收分光光度法测定铁时，宜选用盐酸或过氯酸作酸性介质，且酸度应控制在10%以下。若酸度过大或选用磷酸或硫酸作介质且其浓度大于3%时，将引起铁的测定结果偏低。

2.正确选择仪器的测定条件：

(1)选用较高的灯电流。由于铁是高熔点、低溅射的金属，应选用较高的灯电流，使铁空心阴极灯具有适当的发射强度。

(2)采用较小的光谱通带。铁是多谱线元素，在吸收线附近存在单色器不能分离的邻近线，使测定的灵敏度降低，工作曲线发生弯曲，因此宜采用较小的光谱通带。

(3)采用温度较高的空气-乙炔、空气-氢气富燃火焰。因铁的化合物较稳定，在低温火焰中原子化效率低，需要采用温度较高的空气-乙炔、空气-氢气富燃火焰，以提高测定的灵敏度。

思考题

1.用原子吸收分光光度法测定铁含量时，若酸度过大会对测定结果有何影响？

2.测定时如何正确选择仪器的测定条件？

实验八　硅酸盐中二氧化钛含量的测定

【预习指导】

1. 二安替比林甲烷光度法测定硅酸盐中二氧化钛含量的方法原理；

2. 分光光度法常用仪器的使用方法；

3. 硅酸盐试样的熔融分解技术。

实验目的

1. 掌握二安替比林甲烷光度法的基本原理；

2. 掌握分光光度法常用仪器的操作原理。

实验原理

在酸性溶液中，TiO^{2+} 与二安替比林甲烷($C_{23}H_{24}N_4O_2$，简写为 DAPM)生成黄色配合物，用抗坏血酸消除 Fe^{2+} 的干扰，在波长 420 nm 处测量其吸光度，在工作曲线上求得二氧化钛的含量。反应式为

$$TiO^{2+}+3DAPM+2H^{+}=\!=\!=[Ti(DAPM)_3]^{4+}+H_2O$$

实验仪器

分光光度法常用仪器。

实验试剂

1. 盐酸溶液：(1+2)、(1+11)。

2. 硫酸溶液：(1+9)。

3. 抗坏血酸溶液：5 g/L，将 0.5 g 抗坏血酸溶于 100 mL 水中，过滤后使用。用时现配。

4. 二安替比林甲烷溶液：30 g/ L 盐酸溶液，将 15 g 二安替比林甲烷溶于 500 mL 盐酸(1+11)中，过滤后使用。

5. 乙醇溶液：5 mL，95%(体积分数)。

实验步骤

1. 标准溶液的配制

称取 0.100 0 g 经高温灼烧过的二氧化钛，置于铂(或瓷)坩埚中，加入 2 g 焦硫酸钾，在 500～600 ℃下熔融至透明。熔块用硫酸(1+9)浸出，加热至 50～60 ℃使熔块完全溶解，冷却后移入 1 000 mL 容量瓶中，用硫酸(1+9)稀释至标线，摇匀。此标准溶液每毫升含有 0.1 mg 二氧化钛。

吸取 100.00 mL 上述标准溶液于 500 mL 容量瓶中，用硫酸(1+9)稀释至标线，摇匀，此标准溶液每毫升含有 0.02 mg 二氧化钛。

2. 工作曲线的绘制

吸取 0.02 mg/mL 二氧化钛的标准溶液 0.00 mL、2.50 mL、5.00 mL、7.50 mL、10.00 mL、12.50 mL、15.00 mL 分别放入 100 mL 容量瓶中，依次加入 10 mL 盐酸(1+2)、10 mL 抗坏血酸溶液、5 mL 95%(体积分数)乙醇、20 mL 二安替比林甲烷溶液，用水稀释至标线，摇匀。放置 40 min 后，使用分光光度计、10 mm 比色皿，以水作参比溶液，于波长 420 nm 处测定溶液的吸光度。用测得的吸光度作为相对应的二氧化钛含量的函数，绘制

工作曲线。

3.测定

从待测试样溶液中吸取25.00 mL溶液放入100 mL容量瓶中，加入10 mL盐酸(1+2)及10 mL抗坏血酸溶液，放置5 min。加入5 mL 95%(体积分数)乙醇、20 mL二安替比林甲烷溶液，用水稀释至标线，摇匀。放置40 min后，使用分光光度计、10 mm比色皿，以水作参比溶液，于波长420 nm处测定溶液的吸光度。在工作曲线上查出二氧化钛的质量。

实验结果

TiO_2的质量分数按下式计算：

$$w(TiO_2)=\frac{m_1\times V\times 10^{-6}}{m\times V_1}\times 100\%$$

式中 $w(TiO_2)$——TiO_2的质量分数，%；

m_1——从工作曲线上查得的TiO_2的质量，μg；

V——试样溶液总体积，mL；

V_1——分取试样溶液体积，mL；

m——试样的质量，g。

注意事项

1.反应介质选用盐酸而不用硫酸，是因为硫酸溶液会降低配合物的吸光度。

2.比色溶液最适宜的酸度范围是0.5～1 mol/L。若酸度太低，会引起TiO^{2+}水解，同时TiO^{2+}也会与抗坏血酸形成不易破坏的微黄色配合物，从而导致测定结果偏低。

3.Fe^{3+}能与二安替比林甲烷形成棕色配合物，使测定结果产生显著的正误差，可加入抗坏血酸，使Fe^{3+}还原以消除干扰。

4.加入显色剂前，加入5 mL 95%(体积分数)乙醇，是为了防止溶液浑浊而影响测定。

5.抗坏血酸及二安替比林甲烷溶液应现用现配，以防变质。

思考题

1.二安替比林甲烷光度法测定二氧化钛的适宜酸度范围是多大？若酸度太低，会引起什么后果？

2.加入显色剂前，为什么要加入5 mL 95%(体积分数)乙醇？

第4章

食品分析

食品分析介绍了食品一般成分的检验方法，在掌握各种食品成分的标准分析方法的同时，还应了解食品的基本组成成分。食品的一般成分包含了水分、灰分、脂肪、碳水化合物、蛋白质及食品添加剂等，它们是食品中固有的成分。这些成分赋予了食品一定的组织结构、风味、口感以及营养价值，其含量的高低往往是确定食品品质的关键指标。本章主要介绍食品分析中常见的一些项目的分析方法。

实验九　食品中苯甲酸含量的测定

【预习指导】

1. 气相色谱法的基本原理；
2. 测定食品中苯甲酸含量的方法及操作要点；
3. 气相色谱仪的使用方法；
4. 测定过程中进行标准使用液实验的目的。

实验目的

1. 掌握气相色谱法的基本原理及操作要点；
2. 掌握气相色谱仪的工作原理，熟悉操作条件的选择；
3. 能熟练绘制标准曲线并正确进行定量计算。

实验原理

将样品酸化后，用乙醚提取苯甲酸，用附氢火焰离子化检测器的气相色谱仪进行分离测定，与标准系列比较定量。

实验仪器

1. 气相色谱仪：具有氢火焰离子化检测器。
2. 分析天平。
3. 容量瓶。
4. 恒温水浴。
5. 带塞量筒：25 mL。
6. 带塞刻度试管。

色谱参考条件：

(1)色谱柱:玻璃柱,内径 3 mm,长 2 m,内装涂以 5% DEGS+1% H_3PO_4 固定液的 60～80 目 Chromosorb W AW。

(2)气流速度:载气为氮气,50 mL/min(氮气和空气、氢气之比按各仪器型号的不同选择各自的最佳比例条件)。

(3)温度:进样口 230 ℃,检测器 230 ℃,柱温 170 ℃。

实验试剂

1. 乙醚:不含过氧化物。
2. 石油醚:沸程 30～60 ℃。
3. 盐酸:(1+1),取 100 mL 盐酸,加水稀释至 200 mL。
4. 无水硫酸钠。
5. 氯化钠酸性溶液:40 g/L,于氯化钠溶液(40 g/L)中加少量盐酸(1+1)酸化。
6. 苯甲酸标准溶液:准确称取苯甲酸 0.200 0 g,置于 100 mL 容量瓶中,用石油醚-乙醚(3+1)混合溶剂溶解并稀释至刻度(此溶液每毫升相当于 2.0 mg 苯甲酸)。
7. 苯甲酸标准使用液:吸取适量的苯甲酸标准溶液,以石油醚-乙醚(3+1)混合溶剂稀释至每毫升相当于 50 μg、100 μg、150 μg、200 μg、250 μg 苯甲酸。

实验步骤

1. 样品处理

称取 2.50 g 事先混合均匀的样品,置于 25 mL 带塞量筒中,加 0.5 mL 盐酸(1+1)酸化,用 15 mL、10 mL 乙醚提取两次,每次振摇 1 min,静置分层后将上层乙醚提取液吸入另一个 25 mL 带塞量筒中,合并乙醚提取液。用 3 mL 氯化钠酸性溶液(40 g/L)洗涤两次,静置 15 min,用滴管将乙醚层通过无水硫酸钠滤入 25 mL 容量瓶中,用乙醚洗涤量筒及硫酸钠层,洗液并入容量瓶。加乙醚至刻度,混匀。准确吸取 5 mL 乙醚提取液于 5 mL带塞刻度试管中,置 40 ℃水浴上挥干,加入 2 mL 石油醚-乙醚(3+1)混合溶剂溶解残渣,备用。

2. 进样测定

通过进样口,进样 2 μL 标准系列中各浓度标准使用液于气相色谱仪中,可测量到不同浓度苯甲酸的峰高值,以浓度为横坐标,相应的峰高值为纵坐标,绘制标准曲线。同时进样 2 μL 样品溶液,测得样品的峰高值。通过与标准曲线比较,进行定量。

实验结果

按下式计算样品中苯甲酸的含量:

$$X=\frac{m_1\times 1\,000}{m_2\times\frac{5}{25}\times\frac{V_2}{V_1}\times 1\,000}$$

式中　X——样品中苯甲酸的含量,g/kg;

m_1——测定用样品液中苯甲酸的质量,μg;

V_1——加入的石油醚-乙醚(3+1)混合溶剂的体积,mL;

V_2——测定时进样的体积,μL;

m_2——样品的质量,g;

5——测定时乙醚提取液的体积，mL；

25——样品乙醚提取液的总体积，mL。

结果取算术平均值的二位有效数。允许差：相对相差≤10％。

注意事项

1. 进行样品处理时，一定要按要求进行，尤其是要注意气相色谱仪的操作条件的选择。进样一定要迅速。

2. 由测得苯甲酸的量乘以 1.18，即为样品中苯甲酸钠的含量。在色谱图中苯甲酸保留时间为 6 分 8 秒。

思考题

1. 气相色谱法进样时应注意什么问题？

2. 能否采用热导池检测器进行检测？

实验十　食品中总脂肪含量的测定

【预习指导】

1. 酸水解法测定食品中总脂肪含量的方法原理；

2. 提取、萃取、分离及回收的操作方法；

3. 测定过程中的操作技术。

实验目的

1. 掌握酸水解法测定总脂肪含量的方法及原理。

2. 学会根据食品中脂肪的存在状态及食品组成选择合适的测定方法。

3. 掌握用有机溶剂萃取脂肪及溶剂回收的基本操作技能。

实验原理

利用强酸在加热条件下将试样水解，使结合或包裹在组织内的脂肪游离出来，再用乙醚提取，回收除去溶剂并干燥后，称量提取物质量即得游离及结合脂肪总量。

本法适用于各类食品中总脂肪含量的测定，不宜测定含大量磷脂、含糖量较高的食品。

实验仪器

1. 具塞刻度量筒：100 mL。

2. 恒温水浴：70～80 ℃。

3. 干燥器。

4. 恒温干燥箱。

5. 分析天平。

6. 小型绞肉机。

实验试剂

1. 盐酸。

2. 乙醇：95％。

3. 乙醚。

4. 石油醚：30～60 ℃沸程。

实验步骤

1. 样品的制备

用绞肉机先将午餐肉绞几下，精确称取午餐肉约 2.00 g，置于 50 mL 大试管内，加 8 mL 水，混匀后再加入 10 mL 盐酸。将试管放入 70～80 ℃水浴中，每隔 5～10 min 用玻璃棒搅拌一次，至样品消化完全为止，约需 40～50 min。

2. 测定

取出试管，加入 10 mL 乙醇，混匀。冷却后将混合物移入 100 mL 具塞刻度量筒中，以 20 mL 乙醚分次洗涤试管，一并倒入量筒中，待乙醚全部倒入量筒后，加塞振摇 1 min，小心开塞，放出气体，再塞好，静置 12 min，小心开塞，并用石油醚-乙醇等量混合液冲洗塞及筒口附着的脂肪。静置 10～20 min，待上部液体澄清后，吸出上层清液于已恒重的锥形瓶内，再加 5 mL 乙醚于具塞刻度量筒内，振摇，静置后，仍将上层乙醚吸出，放入原锥形瓶内。将锥形瓶置于水浴上蒸干，置(100±5) ℃恒温干燥箱中干燥 2 h，取出，放入干燥器内冷却 0.5 h 后称重，并重复以上操作至恒重。

实验结果

按下式计算样品中的总脂肪含量：

$$X=\frac{m_2-m_1}{m}\times 100$$

式中 X——样品中的总脂肪含量，g/100 g；

m_2——锥形瓶和脂肪的质量，g；

m_1——空锥形瓶的质量，g；

m——试样的质量，g。

计算结果表示到小数点后一位。

注意事项

1. 必须将样品消化完全，每隔 5～10 min 用玻璃棒搅拌一次。

2. 注意用有机溶剂萃取脂肪及溶剂回收的基本操作。

3. 本法适用于各类食品中脂肪的测定，特别是样品易吸湿、不易烘干，不能使用索氏提取法时，本法效果较好。

4. 样品加热、加酸水解时，注意防止水分大量损失，以免使酸度过高。石油醚可使水层和醚层分离清晰。

思考题

1. 可不可以用乙酸在加热条件下将试样水解？

2. 为什么要用有机溶剂多次萃取脂肪？

3. 为什么反复长时间加热会在恒重中出现增重现象？

实验十一　食品中亚硝酸盐含量的测定

【预习指导】

1. 分光光度法的基本原理；
2. 测定亚硝酸盐含量的方法及操作要点；
3. 测定过程中分光光度计的使用方法；
4. 测定过程中进行试剂空白实验的目的；
5. 如何正确绘制标准曲线。

实验目的

1. 掌握分光光度法测定亚硝酸盐含量的原理及操作要点；
2. 掌握分光光度计的工作原理，熟练使用分光光度计；
3. 能熟练地绘制标准曲线。

实验原理

样品经沉淀蛋白质、除去脂肪后，在弱酸条件下，亚硝酸盐与对氨基苯磺酸发生重氮化反应，再与盐酸萘乙二胺偶合形成紫红色染料，在波长 538 nm 处测定其吸光度。生成染料的颜色深度与溶液中亚硝酸盐的含量成正比，可用于定量测定。

实验仪器

1. 分光光度计。
2. 小型绞肉机。
3. 恒温水浴。
4. 带塞比色管：50 mL。
5. 分析天平。

实验试剂

1. 亚铁氰化钾溶液：称取 106.0 g 亚铁氰化钾[$K_4Fe(CN)_6 \cdot 3H_2O$]，用水溶解，并稀释至 1 000 mL。

2. 乙酸锌溶液：称取 220.0 g 乙酸锌[$Zn(CH_3COO)_2 \cdot 2H_2O$]，加 30 mL 冰醋酸，用水溶解，并稀释至 1 000 mL。

3. 饱和硼砂溶液：称取 5.0 g 硼酸钠($Na_2B_4O_7 \cdot 10H_2O$)，溶于 100 mL 热水中，冷却后备用。

4. 对氨基苯磺酸溶液：4 g/L，称取 0.4 g 对氨基苯磺酸，溶于 100 mL 20%盐酸中，混匀后置棕色瓶中避光保存。

5. 盐酸萘乙二胺溶液：2 g/L，称取 0.2 g 盐酸萘乙二胺，溶于 100 mL 水中，混匀后置棕色瓶中避光保存。

6. 亚硝酸钠标准溶液：200 μg/mL，准确称取 0.100 0 g 已于硅胶干燥器中干燥 24 h 的亚硝酸钠，加水溶解后移入 500 mL 容量瓶中，稀释至刻度，混匀。

7. 亚硝酸钠标准使用液：5.0 μg/mL，临用前，吸取亚硝酸钠标准溶液 5.00 mL，置于 200 mL 容量瓶中，加水稀释至刻度。

8. 氢氧化铝乳液：溶解 125 g 硫酸铝于 1 000 mL 重蒸水中，滴加氨水使氢氧化铝全部沉淀(使溶液呈微碱性)。用蒸馏水反复洗涤，真空抽滤，直至洗液分别用氯化钡、硝酸银溶液检验不发生浑浊。取下沉淀物，加适量重蒸水使之呈薄糊状，搅拌均匀备用。

9. 果蔬提取液：溶解 50 g 氯化汞($HgCl_2$)和 50 g 氯化钡($BaCl_2$)于 1 000 mL 重蒸水中，用浓盐酸调整 pH 为 1。

实验步骤

1. 样品处理

肉类制品：称取 5.0 g 经绞碎混匀的样品，置于 50 mL 烧杯中，加 12.5 mL 饱和硼砂溶液，搅拌均匀，以 70 ℃左右的水约 300 mL 将试样洗入 500 mL 容量瓶中，于沸水浴中加热15 min，取出后冷却至室温，然后一面转动，一面加入 5 mL 亚铁氰化钾溶液，摇匀，再加入 5 mL 乙酸锌溶液，以沉淀蛋白质。加水至刻度，摇匀，放置 0.5 h，除去上层脂肪，清液用滤纸过滤，弃去初滤液 30 mL，滤液备用。

红烧肉类：样品除去蛋白质和脂肪并过滤后，再吸取滤液 60 mL 于 100 mL 容量瓶中，加氢氧化铝乳液至刻度，充分摇荡，过滤，滤液待测定。

果蔬类制品：称取适量捣碎的均浆(视硝酸盐含量而定)于 500 mL 容量瓶中，加水约 200 mL，加 100 mL 果蔬提取液(若后面滤液有白色悬浮物，提取液适当减量)，振摇约 1 h，加入 2.5 mol/L 氢氧化钠溶液 40 mL，然后以水稀释至刻度，立即过滤。吸取滤液 60 mL 以氢氧化铝乳液定容于 100 mL 容量瓶，充分振摇，过滤，滤液应无色透明，留作测定用。

2. 绘制标准曲线

吸取 0.00 mL、0.20 mL、0.40 mL、0.60 mL、0.80 mL、1.00 mL、1.50 mL、2.00 mL、2.50 mL 亚硝酸钠标准使用液(相当于 0 μg、1 μg、2 μg、3 μg、4 μg、5 μg、7.5 μg、10 μg、12.5 μg 亚硝酸钠)分别置于 50 mL 带塞比色管中。管中分别加入 2 mL 对氨基苯磺酸溶液(4 g/L)，混匀，静置 3～5 min 后各加入 1 mL 盐酸萘乙二胺溶液(2 g/L)，加水至刻度，混匀，静置 15 min。用 2 cm 比色皿，以空白溶液为参比溶液，于波长 538 nm 处测吸光度，绘制标准曲线。

3. 试样的测定

吸取 40.0 mL 试样处理滤液于 50 mL 带塞比色管中，加入 2 mL 对氨基苯磺酸溶液(4 g/L)，混匀，静置 3～5 min 后加入 1 mL 盐酸萘乙二胺溶液(2 g/L)，加水至刻度，混匀，静置 15 min。用 2 cm 比色皿，以空白溶液为参比溶液，于波长 538 nm 处测吸光度，从标准曲线上查出样品溶液含亚硝酸盐的量。

实验结果

按下式计算样品中亚硝酸盐的含量：

$$X=\frac{m'\times 1\,000}{m\times\frac{V_2}{V_1}\times 1\,000}$$

式中　X——样品中亚硝酸盐的含量，mg/kg；

m——样品质量，g；

m'——曲线上查得的测定用样液中亚硝酸盐的质量，μg；

V_1——样品处理液总体积，mL；

V_2——测定用样液体积，mL。

计算结果保留两位有效数字。

注意事项

1. 常用乙酸锌或硫酸锌作蛋白质沉淀剂。

2. 饱和硼砂溶液具有以下双重作用：一是作为亚硝酸盐的提取剂；二是作为蛋白质的沉淀剂。

3. 样品预处理时，一定要绞得粉碎，否则浸泡不完全会导致结果偏低。蛋白质、脂肪的去除要彻底，否则溶液显色会浑浊，比色无法进行。

思考题

1. 若不以空白溶液作为参比溶液，对测定吸光度会产生什么影响？

2. 影响显色反应的主要因素都有哪些？

3. 食品分析中常用于去除蛋白质、脂肪的预处理方法有哪些？

实验十二　食品中糖精钠含量的测定

【预习指导】

1. 薄层色谱法的基本原理；

2. 测定糖精钠的方法及原理；

3. 测定中糖精钠的正确提取方法；

4. 测定过程中薄层板的制备；

5. 如何正确进行比色。

实验目的

1. 掌握薄层色谱法测定食品中糖精钠含量的原理及方法；

2. 掌握薄层色谱法的工作原理；

3. 熟悉薄层板的制备及比色。

实验原理

在酸性条件下，食品中的糖精钠用乙醚提取、浓缩、薄层色谱分离、显色后，与标准比较，进行定性和半定量测定。

实验仪器

1. 玻璃纸：生物制品透析袋纸或不含增白剂的市售玻璃纸。

2. 玻璃喷雾器。

3. 微量注射器。

4. 紫外光灯：波长 253.7 nm。

5. 薄层板：10 cm×20 cm 或 20 cm×20 cm。

6. 展开槽。

7. 分析天平。

实验试剂

1. 硫酸铜溶液：100 g/L，称取 10 g 无水硫酸铜，用水溶解并稀释至 100 mL。

2. 氢氧化钠溶液：40 g/L。

3. 盐酸：(1+1)，取 100 mL 盐酸，加水稀释至 200 mL。

4. 乙醚：不含过氧化物。

5. 无水硫酸钠。

6. 无水乙醇及 95%乙醇。

7. 展开剂：

正丁醇+氨水+无水乙醇(7+1+2)；

异丙醇+氨水+无水乙醇(7+1+2)。

8. 显色剂：溴甲酚紫溶液(0.1 g/L)，称取 0.01 g 溴甲酚紫，用 50%乙醇溶解，加 4 g/L 氢氧化钠溶液 1.1 mL 调至 pH=8，定容至 100 mL。

9. 聚酰胺粉：200 目。

10. 糖精钠标准溶液：精密称取 0.085 1 g 经 120 ℃干燥 4 h 后的糖精钠，加乙醇溶解，移入 100 mL 容量瓶中，加 95%乙醇稀释至刻度。此溶液每毫升相当于 1 mg 糖精钠($C_6H_4CONNaSO_2 \cdot 2H_2O$)。

实验步骤

1. 样品提取

饮料、冰棍、汽水：取 10 mL 均匀试样(如样品中含有二氧化碳，先加热除去；如样品中含有酒精，加氢氧化钠溶液(40 g/L)使其呈碱性，在沸水浴中加热除去)置于 100 mL 分液漏斗中，加 2 mL 盐酸(1+1)，用 30 mL、20 mL、20 mL 乙醚提取三次，合并乙醚提取液，用5 mL盐酸酸化的水洗涤一次，弃去水层。乙醚层通过无水硫酸钠脱水后，挥发乙醚，加2.0 mL乙醇溶解残留渣，密塞保存，备用。

酱油、果汁、果酱等：称取 20.0 g 或吸取 20.0 mL 均匀试样，置于 100 mL 容量瓶中，加水至约 60 mL，加 20 mL 硫酸铜溶液(100 g/L)，混匀，再加 4.4 mL 氢氧化钠溶液(40 g/L)，加水至刻度，混匀，静置 30 min，过滤，取 50 mL 滤液置于 150 mL 分液漏斗中，以下按上述自“加 2 mL 盐酸(1+1)”起依法操作。

固体果汁粉等：称取 20.0 g 磨碎的均匀试样，置于 200 mL 容量瓶中，加 100 mL 水，加热使溶解，放冷。以下按上述自“加 20 mL 硫酸铜溶液(100 g/L)”起依法操作。

糕点、饼干等蛋白、脂肪、淀粉多的食品：称取 25.0 g 均匀试样，置于透析用玻璃纸中，放入大小适当的烧杯内，加 50 mL 0.8 g/L 氢氧化钠溶液，调成糊状，将玻璃纸口扎紧，放入盛有 200 mL 0.8 g/L 氢氧化钠溶液的烧杯中，盖上表面皿，透析过夜。量取 125 mL透析液(相当 12.5 g 样品)，加约 0.4 mL 盐酸(1+1)使成中性，加 20 mL 硫酸铜溶液(100 g/L)，混匀，再加 4.4 mL 氢氧化钠溶液(40 g/L)，混匀，静置 30 min，过滤。取 120 mL 滤液(相当 10 g 样品)，置于 250 mL 分液漏斗中，以下按自“加 2 mL 盐酸(1+1)”起依法操作。

2. 薄层板的制备

称取 1.6 g 聚酰胺粉，加 0.4 g 可溶性淀粉，加约 7.0 mL 水，研磨 3～5 min，立即涂成 0.25～0.30 mm 厚的 10×20 cm 的薄层板，室温干燥后，在 80 ℃下干燥 1 h，置于干燥器中保存。

3.点样

在薄层板下端 2 cm 处，用微量注射器点 10 μL 和 20 μL 的样液两个点，同时点 3.0 μL、5.0 μL、7.0 μL、10.0 μL 糖精钠标准溶液，各点间距 1.5 cm。

4.展开与显色

将点好的薄层板放入盛有展开剂的展开槽中，展开剂液层约 0.5 cm，并预先已达到饱和状态。展开至 10 cm 时，取出薄层板，挥干，喷显色剂，斑点显黄色，根据样品点和标准点的比移值进行定性，根据斑点颜色深浅进行半定量测定。

实验结果

按下式计算样品中糖精钠含量：

$$X=\frac{m'\times 1\ 000}{m\times\frac{V_2}{V_1}\times 1\ 000}$$

式中 X——试样中糖精钠含量，g/kg；

m'——测定用样品溶液中糖精钠的质量，mg；

V_2——点板液体积，mL；

V_1——样品提取液残留物加入乙醇的体积，mL；

m——试样质量，g。

注意事项

1.展开剂不可浸过样品点。

2.研磨时应在研钵中向一个方向研磨，混合去除表面的气泡后，倒入涂布器中，在玻璃板上平稳地移动涂布器进行涂布，薄层板使用前应检查其均匀度(可通过透射光和反射光检查)。

3.用点样器点样于薄层板上，样点一般为圆点，样点直径及点间距离同纸色谱法。点间距离可视斑点扩散情况确定，以不影响检出为宜。点样时必须注意勿损伤薄层表面。

思考题

1.液体饮料样品如何处理?

2.测定时如何点样?

第5章

钢铁分析

钢铁分析阐述了钢铁的分类和牌号表示方法，钢铁试样的采取、制备和分解方法，钢铁五元素在钢铁中的存在形式及其对钢铁性质的影响，钢铁中碳、硫、磷、锰、硅元素的分析方法类型和测定原理。本章主要介绍钢铁分析中常见的一些项目的分析方法。

实验十三　钢铁中碳硫的测定

【预习指导】

1. 燃烧-非水定碳法的测定原理和过程；
2. 燃烧-碘酸钾滴定法的测定原理和过程；
3. 碘标准滴定溶液、碘酸钾标准滴定溶液、淀粉吸收液等溶液的配制、标定方法；
4. 做空白实验的目的。

实验目的

1. 了解燃烧-非水定碳法的测定原理和过程；
2. 熟悉燃烧-碘酸钾滴定法的测定原理和过程；
3. 掌握非水定碳-碘酸钾定硫联测法；
4. 熟练运用滴定分析法进行测定。

实验原理

碳硫经燃烧生成 CO_2 和 SO_2，CO_2 以碱性非水溶液吸收定碳，SO_2 以 KIO_3 氧化定硫。

定量氧化反应如下：

$$C + O_2 = CO_2\uparrow$$

$$4Fe_3C + 13O_2 = 4CO_2\uparrow + 6Fe_2O_3$$

$$Mn_3C + 3O_2 = CO_2\uparrow + Mn_3O_4$$

$$4Cr_3C_2 + 17O_2 = 8CO_2\uparrow + 6Cr_2O_3$$

$$4FeS + 7O_2 = 4SO_2\uparrow + 2Fe_2O_3$$

$$3MnS + 5O_2 = 3SO_2\uparrow + Mn_3O_4$$

生成的二氧化硫被水吸收后生成亚硫酸，反应式如下：

$$SO_2 + H_2O = H_2SO_3$$

在酸性条件下，以淀粉为指示剂，用碘酸钾标准滴定溶液滴定至蓝色不消失为终点。然后根据碘酸钾标准滴定溶液的浓度和消耗体积，计算出钢铁中硫的含量。反应式如下：

$$IO_3^- + 5I^- + 6H^+ = 3I_2 + 3H_2O$$

$$I_2 + SO_3^{2-} + H_2O = 2I^- + SO_4^{2-} + 2H^+$$

燃烧-碘酸钾滴定法适用于钢铁及合金中含 0.005%以上硫的测定。

生成的二氧化碳被氢氧化钾溶液吸收后生成碳酸钾，反应式如下：

$$2KOH + CO_2 = K_2CO_3 + H_2O$$

根据氢氧化钾标准滴定溶液的浓度和消耗体积，计算出钢铁中碳的含量。

实验仪器

管式炉：使用温度最高可达 1 350 ℃；常温 1 300 ℃；附有热电偶。也可选用其他类似的高温燃烧装置。

实验试剂

1. 浓硫酸。

2. 无水氯化钙：固体。

3. 碱石棉。

4. 淀粉吸收液：称取可溶性淀粉 10 g，用少量水调成糊状，然后加入 500 mL 沸水，搅拌，煮沸 1 min，冷却，加入 3 g 碘化钾、500 mL 水及 2 滴浓盐酸，搅拌均匀后，静置。使用时取 25 mL 上层澄清液，加 15 mL 浓盐酸，用水稀释至 1 L。

5. 助熔剂：二氧化锡和还原铁粉以 3+4 混匀；五氧化二钒和还原铁粉以 3+1 混匀。

6. 碘标准滴定溶液：称取碘 2.8 g，溶于含有 25 g 碘化钾的少量溶液中，以水稀释至 5 L，放置数日后使用。

7. 碘酸钾标准滴定溶液：称取碘酸钾 0.178 g，用水溶解后，加 1 g 碘化钾，以水稀释至 1 L。

标定方法：称取与待测样品类型相同、硫含量相近的标准样品 3 份，按分析方法操作，每毫升标准溶液相当于硫的质量分数(T_S)按下式计算：

$$T_S = \frac{w_0(S)}{(V - V_0) \times 100}$$

式中 T_S——每毫升标准滴定溶液相当于硫的质量分数，%/mL；

$w_0(S)$——标准样品中硫的质量分数，%；

V——滴定标准样品消耗标准滴定溶液的体积，mL；

V_0——空白消耗标准滴定溶液的体积，mL。

8. 碱性非水溶液：将 1.3 g 氢氧化钾溶于少量水后，加无水乙醇 970 mL 及乙醇胺 30 mL，再加百里酚酞 0.2 g，摇匀。

标定方法：称取与待测样品类型相同、碳含量相近的标准样品 3 份，按分析方法操作，每毫升标准溶液相当于碳的质量分数(T_C)按下式计算：

$$T_C = \frac{w_0(C)}{(V - V_0) \times 100}$$

式中 T_C——每毫升标准滴定溶液相当于碳的质量分数，%/mL；

$w_0(C)$——标准样品中硫的质量分数，%；

V——滴定标准样品消耗标准滴定溶液的体积，mL；

V_0——空白消耗标准滴定溶液的体积，mL。

实验步骤

称取样品 0.5 g(生铁称 0.1～0.2 g)，加助熔剂适量，用炉钩将瓷舟推入燃烧高温炉(1 200～1 250 ℃)预热 0.5～1 min，通氧(1～2 L/min)生成 SO_2 和 CO_2，经除尘管导入 C-S 吸收杯中，以 KIO_3 滴硫，以碱性非水溶液滴碳，将近终点时，间断 O_2 1～2 次，继续滴定至溶液原来的淡蓝色不退为终点。记下毫升数 V_C、V_S，根据标准样品消耗的标准滴定溶液毫升数换算滴定度 T：每毫升标准滴定溶液相当于标准样品中 C 或 S 的质量分数。

实验结果

$$w(\mathrm{C})=T_{\mathrm{C}}\times V_{\mathrm{C}} \qquad w(\mathrm{S})=T_{\mathrm{S}}\times V_{\mathrm{S}}$$

式中 $w(\mathrm{C})$——试样中 C 的质量分数，%；

$w(\mathrm{S})$——试样中 S 的质量分数，%；

T_{C}——每毫升标准滴定溶液相当于碳的质量分数，%/mL；

T_{S}——每毫升标准滴定溶液相当于硫的质量分数，%/mL；

V_{C}——测定碳时消耗的标准滴定溶液的体积，mL；

V_{S}——测定硫时消耗的标准滴定溶液的体积，mL。

注意事项

1. 称样量根据钢铁中碳含量多少而定，还根据非水碱液中碱的浓度大小而定。

2. 本法乙醇胺用量为 3%为宜，若碳含量小于 0.05%，乙醇胺用量可采用 1%，若含碳量为 0.06%～0.3%，乙醇胺用量可采用 2%。乙醇胺用量不可过多，否则反应迟缓，终点不好判断。

3. 非水定碳不需预滴，等到溶液泛黄时开始滴，其吸收率近 100%，对碳含量为 0.07%～1.2%的钢样滴定度基本不变。

4. 滴定硫要预滴，其吸收率最好时也不会达到 100%，一般在 70%左右，故不能按照理论值计算，需按标准样品换算，且分析样品的操作要控制一致。

5. 选 95%的乙醇液比无水乙醇更合适，5%的水可起稳定剂作用，使终点更清楚。

思考题

1. 实验操作过程中燃烧标准样的目的是什么？

2. 为什么实验过程中要进行淀粉吸收液的准备？

实验十四　钢铁中锰的测定

【预习指导】

1. 硝酸铵氧化还原滴定法的测定原理和过程；

2. 运用滴定分析法进行测定时指示剂终点颜色的变化；

3. 重铬酸钾标准滴定溶液、硫酸亚铁铵标准滴定溶液、N-苯代邻氨基苯甲酸溶液等的配制和标定方法；

4. 做 N-苯代邻氨基苯甲酸指示剂校正的目的和方法。

实验目的

1. 掌握硝酸铵氧化还原滴定法的测定原理；

2. 熟练掌握滴定分析法测定锰的操作方法；

3. 掌握 N-苯代邻氨基苯甲酸指示剂校正的目的和方法。

实验原理

试样经酸溶解后，在磷酸微冒烟的状态下，用硝酸铵将锰(Ⅱ)定量氧化至锰(Ⅲ)，生成稳定的 $Mn(PO_4)_2^{3-}$ 或 $Mn(H_2P_2O_7)_3^{3-}$ 配阴离子，以 N-苯代邻氨基苯甲酸为指示剂，用硫酸亚铁铵标准滴定溶液滴定至亮绿色为终点。钒、铈有干扰必须予以校正。

本标准适用于碳钢、合金钢、高温合金及精密合金中锰量的测定。方法中锰量的测定范围为 2.00%～30.00%。

实验仪器

滴定分析法常用仪器。

实验试剂

1. 硝酸铵：固体。

2. 尿素。

3. 磷酸。

4. 硝酸。

5. 盐酸。

6. 硫酸：(1+3)。

7. 硫酸：(5+95)。

8. 尿素溶液：5%。

9. 亚硝酸钠溶液：1%。

10. 亚砷酸钠溶液：2%。

11. 高锰酸钾溶液：0.16%。

12. N-苯代邻氨基苯甲酸指示剂溶液：0.2%，称取 0.20 g N-苯代邻氨基苯甲酸与 0.20 g无水 Na_2CO_3，用水稀释至 100 mL。

13. 重铬酸钾标准滴定溶液：$c\left(\frac{1}{6}K_2Cr_2O_7\right)=0.015\ 00$ mol/L，称取 0.735 5 g 基准重铬酸钾(预先在 140～150 ℃下烘干 1 h，置于干燥器中冷却至室温)，溶于水后移入 1 000 mL容量瓶中，用水稀释至刻度，混匀。

14. 硫酸亚铁铵标准滴定溶液：$c[(NH_4)_2Fe(SO_4)_2 \cdot 6H_2O]=0.015$ mol/L，称取 5.88 g六水硫酸亚铁铵，用硫酸溶解并稀释至 1 000 mL，混匀。

标定：移取 25.00 mL 重铬酸钾标准滴定溶液四份，分别置于 250 mL 锥形瓶中，加入 20 mL 硫酸(1+3)、5 mL 磷酸，用硫酸亚铁铵标准滴定溶液滴定，接近终点时加 2 滴 N-苯代邻氨基苯甲酸指示剂溶液(0.2%)，继续滴定溶液至紫红色消失为终点，四份溶液所消耗的硫酸亚铁铵标准滴定溶液毫升数的极差值不超过 0.05 mL，取其平均值。

N-苯代邻氨基苯甲酸指示剂校正：移取 5.00 mL 重铬酸钾标准滴定溶液三份，分别置于 250 mL 锥形瓶中，加入 20 mL 硫酸(1+3)、5 mL 磷酸，用硫酸亚铁铵标准滴定溶液滴定，接近终点时，加2滴N-苯代邻氨基苯甲酸指示剂溶液，继续滴定至终点，记下所耗体积。在此溶液中，再加入5.00 mL重铬酸钾标准滴定溶液，再用硫酸亚铁铵标准滴定溶液滴定至亮绿色为终点，记下所耗体积。两者之差的三份溶液的平均值为2滴N-苯代邻氨基苯甲酸指示剂溶液的校正值$B(B=V_2-V_1)$。

计算：将滴定重铬酸钾标准滴定溶液所消耗的硫酸亚铁铵标准滴定溶液的体积进行N-苯代邻氨基苯甲酸指示剂校正后再计算。硫酸亚铁铵标准滴定溶液的浓度按下式计算：

$$c=\frac{0.015\ 00\times 25.00}{V+B}$$

式中 c——硫酸亚铁铵标准滴定溶液物质的量浓度，mol/L；

V——滴定所消耗的硫酸亚铁铵标准滴定溶液的平均体积，mL。

实验步骤

1.试样量

称取0.100 0～0.500 0 g试样(锰量不小于10 mg)。

2.测定步骤

(1)不含钒、铈试样。将试样置于锥形瓶中，加入15 mL磷酸(高合金钢、精密合金等可先用15 mL适宜比例的盐酸-硝酸混合酸溶解)，加热至完全溶解后，滴加硝酸破坏碳化物。继续加热，蒸发至液面平静刚出现微烟[温度控制在200～240 ℃，以液面平静出现微烟(约220 ℃)时最佳]取下，立即加2 g硝酸铵，摇动锥形瓶并排除氮氧化物(氮氧化物必须除尽，可以用洗耳球吹去黄烟或加0.5～1.0 g尿素，摇匀)，放置1～2 min。待温度降至80～100 ℃时，加60 mL硫酸，摇匀，冷却至室温，用硫酸亚铁铵标准滴定溶液进行滴定，接近终点时呈微红色，加2滴N-苯代邻氨基苯甲酸指示剂溶液，继续滴定溶液至紫红色消失为终点。

(2)含钒、铈试样。按上述方法进行，记下滴定所消耗的硫酸亚铁铵标准滴定溶液的体积。此体积为锰、钒、铈合量。

将滴定锰、钒、铈合量之溶液加热蒸发冒硫酸烟2 min，取下冷却，加60 mL硫酸，流水冷却至室温，滴加高锰酸钾溶液到出现稳定的淡红色并保持2～3 min，加10 mL尿素溶液，在不断摇动下，滴加亚硝酸钠溶液至红色消失并过量1～2滴，加10 mL亚砷酸钠溶液，再加1～2滴亚硝酸钠溶液，放置5 min，加2滴N-苯代邻氨基苯甲酸指示剂溶液，用硫酸亚铁铵标准滴定溶液滴定至终点。滴定消耗的硫酸亚铁铵标准滴定溶液的体积从上述锰、钒、铈合量的体积中减去。

实验结果

按下式计算锰的含量：

$$w(\mathrm{Mn})=\frac{c\times V\times 0.054\ 94}{m}\times 100\%$$

式中 c——硫酸亚铁铵标准滴定溶液物质的量浓度，mol/L；

V——滴定试样消耗的硫酸亚铁铵标准滴定溶液经校正后的体积，mL；

m——称样量，g；

0.054 94——1.00 mL 1.000 mol/L 硫酸亚铁铵标准滴定溶液相当于锰的摩尔质量,g/mol。

注意事项

1.滴定试样所消耗的硫酸亚铁铵标准滴定溶液的体积必须予以校正,进行指示剂校正后,再按公式计算锰的含量。

2.测定结果中,钒含量 1% 相当于锰含量 1.08%,铈含量 0.1% 相当于锰含量 0.04%,必须进行扣除。

3.难溶试样可先加王水 10 mL,溶解后加磷酸 15 mL 冒烟。高硅试样溶解时滴加几滴氢氟酸后,加磷酸 15 mL 冒烟,含锰量大于 5.00%,可酌减称样量。

4.控制加入硝酸铵氧化时的最佳温度(220 ℃)是关键,一般控制磷酸蒸发至冒烟时温度约 250 ℃。如冒烟时间过长则易析出焦磷酸盐,如果加入硝酸铵时的温度太低,则锰的氧化会不完全。视室温高低冷却 20～30 s,温度约为 220 ℃,同时必须将黄烟吹尽,否则都会造成测定结果偏低。

5.锰(Ⅲ)的配合物用水稀释时,会逐渐发生水解,应采用稀硫酸来进行稀释,冷却至室温后要立即进行滴定,否则会造成测定结果偏低。

思考题

1.为什么要进行 N-苯代邻氨基苯甲酸指示剂的校正?

2.硝酸铵氧化还原滴定法测定锰的重要条件是什么?

实验十五　钢铁中硅的测定

【预习指导】

1.硅钼蓝光度法的测定原理和过程;

2.硅钼蓝光度法的操作方法;

3.分光光度计的测量操作方法;

4.硅的计算和表示方法。

实验目的

1.掌握硅钼蓝光度法的测定原理;

2.熟练掌握硅钼蓝光度法测定硅的操作方法。

实验原理

钢铁试样用稀硫酸溶解,使硅转化为可溶性硅酸。加高锰酸钾溶液以氧化碳化物,并用亚硝酸钠溶液还原过量的高锰酸钾。在微酸性溶液中,硅酸与钼酸铵生成氧化型的硅钼酸盐(黄),在草酸存在下,用硫酸亚铁铵将其还原成硅钼蓝,于波长约 810 nm 处测量其吸光度。以吸光度为纵坐标绘制标准工作曲线,在工作曲线上查出硅含量。

本标准适用于铁、碳钢、低合金钢中 0.030%～1.00%(质量分数)酸溶硅含量的测定。

$$FeSi + H_2SO_4 + 4H_2O \xlongequal{} FeSO_4 + H_4SiO_4 + 3H_2 \uparrow$$

$$H_4SiO_4 + 12H_2MoO_4 \xlongequal{} H_8[Si(Mo_2O_7)_6] + 10H_2O$$

$$H_8[Si(Mo_2O_7)_6]+4FeSO_4+2H_2SO_4 = H_8\left[Si\begin{matrix}(Mo_2O_5)\\(Mo_2O_7)_5\end{matrix}\right]+2Fe_2(SO_4)_3+2H_2O$$

实验仪器

1.实验室分光光度法常用仪器。

2.规定的聚丙烯或聚四氟乙烯烧杯:200 mL、500 mL、1 000 mL。

实验试剂

1.纯铁:硅的含量小于0.002%(质量分数)。

2.硫酸:(1+17)。

3.钼酸铵溶液:50 g/L,贮于聚丙烯瓶中。

4.草酸溶液:50 g/L,将5 g二水草酸($C_2H_2O_4 \cdot 2H_2O$)溶于少量水中,稀释至100 mL并混匀。

5.硫酸亚铁铵溶液:60 g/L,称取6 g六水硫酸亚铁铵,置于250 mL烧杯中,用1 mL硫酸(1+1)润湿,加约60 mL水溶解,用水稀释至100 mL,混匀。

6.高锰酸钾溶液:40 g/L。

7.亚硝酸钠溶液:100 g/L。

8.硅标准溶液:

①200 μg/mL,称取0.427 9 g(准确至0.1 mg)二氧化硅(质量分数大于99.9%),于1 000 ℃灼烧1 h后,置于干燥器中,冷却至室温,置于加有3 g无水碳酸钠的铂坩埚中,上面再覆盖1~2 g无水碳酸钠,先将铂坩埚于低温处加热,再置于950 ℃高温处加热熔融至透明,继续加热熔融3 min,取出,冷却。置于盛有冷水的聚丙烯或聚四氟乙烯烧杯中至熔块完全溶解。取出坩埚,仔细洗净,冷却至室温,将溶液移入1 000 mL单刻度容量瓶中,用水稀释至刻度,混匀,贮于聚丙烯或聚四氟乙烯烧杯中。

②200 μg/mL,称取0.100 0 g(准确至0.1 mg)经磨细的单晶硅或多晶硅,置于聚丙烯或聚四氟乙烯烧杯中,加10 g氢氧化钠、50 mL水,轻轻摇动,放入沸水浴中,加热至透明全溶,冷却至室温,移入500 mL单刻度容量瓶中,用水稀释至刻度,混匀,贮于聚丙烯或聚四氟乙烯烧杯中。

实验步骤

1.试样量

称取试样0.1~0.4 g,准确至0.1 mg,控制其含硅量为100~1 000 μg。

2.测定

(1)溶解样品。将试样置于150 mL锥形瓶中,加入30 mL硫酸,缓慢加热至试样完全溶解,不要煮沸并不断补充蒸发失去的水分,以免溶液体积显著减少。

(2)制备试液。煮沸,滴加高锰酸钾溶液至析出二氧化锰水合物沉淀。再煮沸约1 min,滴加亚硝酸钠溶液至试液清亮,继续煮沸1~2 min(如有沉淀或不溶残渣,趁热用中速滤纸过滤,用热水洗涤)。冷却至室温,试液移入100 mL容量瓶中,用水稀释至刻度,混匀。

(3)显色。移取10.00 mL试液两份,分别置于50 mL容量瓶中(一份作显色溶液用,一份作参比溶液用),按以下方法处理。

显色溶液:小心加入5.0 mL钼酸铵溶液,混匀。于沸水浴中加热30 s,加入10 mL草酸溶液,混匀。待沉淀溶解后 30 s 内,加 5.0 mL 硫酸亚铁铵溶液,用水稀释至刻度,摇匀。

参比溶液:加入 10.0 mL 草酸溶液、5.0 mL 钼酸铵溶液、5.0 mL 硫酸亚铁铵溶液,用水稀释至刻度,摇匀。

(4)测量吸光度。将部分显色溶液移入 1～3 cm 比色皿中,以参比溶液作参比,用分光光度计于波长 810 nm 处测量各溶液的吸光度值。

(5)从工作曲线上查出相应的硅含量。

3.绘制工作曲线

称取数份与试样质量相同且其硅含量相近的纯铁,置于数个 150 mL 锥形瓶中,移取 0.50 mL、1.00 mL、2.00 mL、3.00 mL、4.00 mL、5.00 mL 硅标准溶液(①或②),分别置于前述数个锥形瓶中,以下按测定步骤 2.(2)～2.(4)进行。以硅标准溶液中硅含量和纯铁中硅含量之和为横坐标,测得的吸光度值为纵坐标,绘制工作曲线。

实验结果

按下式计算硅的含量:

$$w(\mathrm{Si})=\frac{m_1\times V}{m\times V_1}\times 100\%$$

式中 V_1——分取试液体积,mL;

V——试液总体积,mL;

m_1——从工作曲线上查得的硅含量,g;

m——试样质量,g。

注意事项

1.溶解试样时应小火慢慢加热,温度不能过高,但加热时间也不能过长,并需适当吹入水,以防止温度过高,酸度过大,使部分硅酸聚合。试样溶解完冷却后要立即稀释,以确保全部硅呈单分子硅酸形式存在。

2.加入高锰酸钾分解碳化物后,过量的高锰酸钾必须用亚硝酸钠除去,再煮沸分解过剩的亚硝酸钠,驱除氮的氧化物,以免影响显色反应。

3.显色时,如不在沸水浴中加热,也可以在室温下放置 15 min 后再加草酸溶液。温度影响生成硅钼杂多酸的反应速度,20 ℃以下需要反应 10 min,30 ℃左右需要 2 min,而在 100 ℃左右只需要 30 s 即可反应完全,因此提高温度能加快反应的速度。

4.草酸除迅速破坏磷(砷)钼酸外,亦能逐渐分解硅钼酸,故加入草酸后,应于 1 min 内加硫酸亚铁铵,否则会造成测定结果偏低。快速分析时,亦可将草酸、硫酸亚铁铵在使用前等体积混合,一次加入。草酸还能降低铁电对的电位,提高亚铁离子的还原能力。

5.虽然三价铁离子与草酸生成配合物能消除其黄色,但配合物本身也呈现淡淡的黄色,所以必须做试剂空白实验,并以此作为参比溶液。

思考题

1.钢铁中硅以什么形式存在?硅的存在对钢铁的性能有什么影响?

2.硅钼蓝光度法测定硅时,主要的干扰来自能形成类似杂多酸的元素如磷、砷等,如何消除干扰?

第6章

水质分析

水质分析阐述了水质分析方法和水质分析项目，介绍了水样的采取、采样容器和采样器、水样的采取方法、水样的运输和保存，以及水样中被测组分的预处理方法；对工业用水中的pH值、硬度、溶解氧、硫酸盐、氯、总铁等进行分析；对工业污水中的汞、铬、化学耗氧量、生物需氧量、挥发酚、氰化物、氨氮、矿物油等进行分析。本章主要介绍水质分析中常见的一些项目的分析方法。

实验十六　工业用水中溶解氧的测定

【预习指导】

1. 水中溶解氧的测定原理和过程；
2. 水中溶解氧的固定方法；
3. 实验所需溶液的配制、标定方法；
4. 硫酸锰和碱性碘化钾的作用；
5. 若试样中含有氧化性和还原性物质应如何测定；
6. 分析实验产生误差的原因。

实验目的

1. 掌握碘量法测定溶解氧的原理和操作；
2. 巩固滴定分析的操作技能。

实验原理

水中溶解氧测定的基准方法是碘量法。在水样中加入硫酸锰和碱性碘化钾，水中的溶解氧将二价锰氧化成四价锰，生成氢氧化物棕色沉淀。加酸后，氢氧化物沉淀溶解并与碘离子反应而释放出与溶解氧量相当的游离碘。以淀粉为指示剂，用硫代硫酸钠滴定释出的碘，可计算出溶解氧的含量。

$$MnSO_4+2NaOH \longrightarrow Na_2SO_4+Mn(OH)_2\downarrow$$

$$2Mn(OH)_2+O_2 \longrightarrow 2MnO(OH)_2\downarrow\text{（棕色）}$$

$$MnO(OH)_2+2H_2SO_4 \longrightarrow Mn(SO_4)_2+3H_2O$$

$$Mn(SO_4)_2+2KI \longrightarrow MnSO_4+K_2SO_4+I_2$$

$$2Na_2S_2O_3+I_2 \longrightarrow Na_2S_4O_6+2NaI$$

在没有干扰的情况下,此方法适用于各种溶解氧浓度大于 0.2 mg/L 且小于氧的饱和浓度两倍(约 20 mg/L)的水样。若试样中含有氧化性物质或还原性物质时,需采用修正碘量法进行测定。若试样中存在能固定或消耗碘的悬浮物,需按改进后的方法进行测定。

若测定时产生的干扰无法消除时,宜采用电化学探头法。

实验仪器

1. 实验室常用仪器设备。

2. 细口玻璃瓶:容量 250～300 mL,校准至 1 mL,具塞温克勒瓶或任何其他适合的细口瓶,瓶肩最好是直的,每一个瓶和盖要有相同的号码。用称量法来测定每个细口瓶的体积。

实验试剂

1. 硫酸溶液 ρ=1.84 g/mL,(1+1);或磷酸溶液 ρ=1.70 g/mL。

2. 硫酸溶液:$c(\frac{1}{2}H_2SO_4)$=2 mol/L。

3. 碱性碘化物-叠氮化物试剂:将 35 g 的氢氧化钠或 50 g 的氢氧化钾和 30 g 碘化钾或 27 g 碘化钠溶解在大约 50 mL 水中。单独将 1 g 的叠氮化钠(NaN_3)溶于几毫升水中。将上述两种溶液混合并稀释至 100 mL,溶液贮存在塞紧的细口棕色瓶中。经稀释和酸化后,加入淀粉指示剂溶液应无色。

4. 无水二价硫酸锰溶液 340 g/L;或一水硫酸锰溶液 380 g/L;或用 450 g/L 四水二价氯化锰溶液代替。

5. 碘酸钾标准溶液:$c(\frac{1}{6}KIO_3)$=10 mmol/L,称取在 180 ℃下干燥的碘酸钾(3.567±0.003)g,溶解在水中并稀释到 1 000 mL。吸取 100 mL 此溶液移入1 000 mL容量瓶中,用水稀释至标线。

6. 硫代硫酸钠标准滴定溶液:$c(Na_2S_2O_3)\approx$10 mmol/L,将 2.5 g 五水硫代硫酸钠溶解于新煮沸并冷却的水中,再加 0.4 g 氢氧化钠(NaOH),并稀释至 1 000 mL,溶液贮存于深色玻璃瓶中。

标定:在锥形瓶中用 100～150 mL 的水溶解约 0.5 g 的碘化钾或碘化钠,加入 5 mL 2 mol/L 的硫酸溶液,混合均匀,加 20.00 mL 10 mmol/L 碘酸钾标准溶液,稀释至约 200 mL,立即用硫代硫酸钠溶液滴定释出的碘,当接近滴定终点时,溶液呈浅黄色,加淀粉指示剂,再滴定至完全无色。

硫代硫酸钠溶液的浓度(c,mmol/L)为

$$c=\frac{6\times20\times1.66}{V}$$

式中,V 为硫代硫酸钠溶液的滴定体积,mL。

7. 淀粉溶液:10 g/L,新配制。

8. 酚酞乙醇溶液:1 g/L。

9. 碘溶液:约 0.005 mol/L,溶解 4～5 g 碘化钾或碘化钠于少量水中,加约 130 mg 的碘,待碘溶解后稀释至 100 mL。

10. 碘化钾或碘化钠。

实验步骤

1.试样的采集

(1)地表水采样。使水样充满细口瓶至溢流,小心避免溶解氧浓度的改变。在消除附着在玻璃瓶上的气泡之后,立即固定溶解氧。

(2)从管路中采样。将一惰性材料管的入口与管道连接,将管子出口插入细口瓶的底部,用溢流冲洗的方式充入大约10倍细口瓶体积的水,最后注满瓶子,在消除附着在玻璃瓶上的气泡之后,立即固定溶解氧。

(3)不同深度采样。用一种特别的取样器,内盛细口瓶,瓶上装有橡胶入口管并插入到细口瓶的底部。当水样充满细口瓶时将瓶中空气排出,避免溢流。某些类型的取样器可以同时充满几个细口瓶。

除非还要做其他处理,水样应采集在细口瓶中,充满全部细口瓶,测定在瓶内进行。

2.检验是否存在氧化或还原物质

如果预计氧化剂或还原剂可能干扰测定结果时,取50 mL待测水样,加2滴酚酞溶液后,中和水样。加0.5 mL 2 mol/L硫酸溶液、几粒碘化钾或碘化钠(质量约0.5 g)和几滴淀粉指示剂溶液。如果溶液呈蓝色,则有氧化物质存在;如果溶液保持无色,加0.2 mL 0.005 mol/L碘溶液,振荡,放置30 s,如果没有呈蓝色,则存在还原物质。

3.溶解氧的固定

采样之后,最好在现场立即向盛有样品的细口瓶中加1 mL二价硫酸锰溶液和2 mL碱性试剂(碱性碘化物-叠氮化物试剂)。使用细尖头的移液管,将试剂加到液面以下,小心盖上塞子,避免带入空气泡。

将细口瓶上下颠倒转动几次,使瓶内的成分充分混合,静置沉淀最少5 min,然后再重新颠倒混合,保证混合均匀。

若避光保存,试样最长贮藏24 h。

4.游离碘

确保所形成的沉淀物已沉降在细口瓶下三分之一的部分。

慢速加入1.5 mL (1+1)硫酸溶液(或相应体积的磷酸溶液),盖上细口瓶盖,然后摇动瓶子,要求瓶中沉淀物完全溶解,并且碘已分布均匀。

5.滴定

将细口瓶内的组分或其部分体积转移到锥形瓶内,用10 mmol/L硫代硫酸钠标准滴定溶液滴定,在接近滴定终点时,加淀粉溶液。

实验结果

溶解氧含量c_1(mg/L)为

$$c_1=\frac{32V_2cf_1}{4V_1}$$

式中　32——氧气的化学式量;

V_1——试样的体积,mL,一般取$V_1=100$ mL,若滴定细口瓶内试样,则$V_1=V_0$;

V_2——硫代硫酸钠溶液的体积,mL;

c——硫代硫酸钠溶液的实际浓度,mol/L。

$$f_1=\frac{V_0}{V_0-V'}$$

式中 V_0——细口瓶的体积，mL；

V'——二价硫酸锰溶液 1 mL 和碱性试剂 2 mL 体积的总和。

A. 试样中有氧化性物质存在

实验原理

取两个试样，通过滴定第二个试样来测定除溶解氧以外的氧化性物质的含量，以修正测定的结果。

实验步骤

1. 取二个试样。

2. 按照规定的步骤测定第一个试样中的溶解氧。

3. 将第二个试样定量转移至大小适宜的锥形瓶内，加 1.5 mL (1+1)硫酸溶液(或相应体积的磷酸溶液)，然后再加 2 mL 碱性试剂和 1 mL 二价硫酸锰溶液，放置 5 min。用硫代硫酸钠标准滴定溶液滴定，在滴定快到终点时，加淀粉指示剂。

实验结果

溶解氧含量 c_2(mg/L)由下式算出：

$$c_2=\frac{32V_2cf_1}{4V_1}-\frac{32V_4c}{4V_3}$$

式中 V_3——盛第二个试样的细口瓶体积，mL；

V_4——滴定第二个试样用去的硫代硫酸钠标准滴定溶液的体积，mL。

B. 试样中有还原性物质存在

实验原理

加入过量次氯酸钠溶液，氧化第一个和第二个试样中的还原性物质。测定一个试样中的溶解氧含量，测定另一个试样中过剩的次氯酸钠含量。

实验试剂

1. 次氯酸钠溶液：约含游离氯 4 g/L，用稀释市售浓次氯酸钠溶液的办法制备，用碘量法测定溶液的浓度。

2. 前面使用的所有溶液。

实验步骤

1. 按规定采取两个试样。

2. 向这两个试样中各加入 1.00 mL(若需要可加入更多的准确体积)次氯酸钠溶液，盖好细口瓶盖，混合均匀。

一个试样按前面溶解氧的测定中的规定进行处理，另一个按照试样中有氧化性物质存在的溶解氧测定的步骤 3 中的规定进行处理。

实验结果

溶解氧含量 c_3(mg/L)由下式算出：

$$c_3=\frac{32V_2cf_2}{4V_1}-\frac{32V_4c}{4(V_3-V_5)}$$

式中，V_5 为加入到试样中的次氯酸钠溶液的体积，mL(通常为 1.00 mL)。

$$f_2=\frac{V_0}{V_0-V_5-V'}$$

式中，V_0 为盛第一个试样的细口瓶的体积，mL。

C. 试样中有能固定或消耗碘的悬浮物或怀疑有这类物质存在

实验原理

用明矾将悬浮物絮凝，然后分离并排除这种干扰。

实验试剂

1. 十二水硫酸钾铝[$AlK(SO_4)_2\cdot 12H_2O$]溶液：10%(m/m)。

2. 氨溶液：13 mol/L，ρ=0.91 g/mL。

实验步骤

将待测水样充入容积约 1 000 mL 的具塞玻璃细口瓶中，直至溢出，操作时需遵照试样采集中的有关注意事项。用移液管在液面下加 20 mL 10%(m/m)十二水硫酸钾铝溶液和 4 mL 13 mol/L 氨溶液，盖上细口瓶盖，将瓶子颠倒摇动几次使其充分混合。待沉淀物沉降后，将顶部清液虹吸至两个细口瓶内。检验氧化还原物质的存在，再按相同步骤进行测定。

实验结果

含有固定或消耗碘的悬浮物时，溶解氧含量的校正因子按下式计算：

$$F=\frac{V_6}{V_6-V''}$$

式中 V_6——采样的细口瓶体积，mL；

V''——十二水硫酸钾铝溶液和氨溶液的总体积，mL。

注意事项

1. 叠氮化钠是剧毒试剂，操作过程中严防中毒。

2. 不要使碱性碘化物-叠氮化物试剂酸化，因为可能会产生有毒的叠氮酸雾。

3. 在有氧化物或还原物存在的情况下，需取两个试样。

4. 若直接在细口瓶内进行滴定，应小心地虹吸出上部分相应于所加酸溶液体积的澄清液，并且不扰动底部沉淀物。

思考题

1. 测定溶解氧时干扰物质有哪些？如何消除干扰？

2. 分析产生测定误差的原因。

实验十七　污水中六价铬含量的测定

【预习指导】

1. 污水中六价铬的测定原理和过程；

2. 试样采取时应注意的问题；

3. 实验中使用的所有溶液的配制方法；

4. 尿素和亚硝酸钠溶液的作用；

5. 还原性物质的去除方法；

6. 氧化性物质的去除方法。

实验目的

1. 掌握六价铬的测定原理和操作方法；

2. 熟练运用所学的采样知识，采取具有代表性的试样。

实验原理

在酸性介质中，六价铬与二苯碳酰二肼(DPC)反应，生成紫红色配合物，于 540 nm 波长处测定吸光度，用标准曲线法求出试样中六价铬的含量。

本方法的最低检出浓度(取 50 mL 水样，10 mm 比色皿时)为 0.004 mg/L，测定上限为 1 mg/L。

实验仪器

1. 容量瓶：500 mL、1 000 mL。

2. 分光光度计。

实验试剂

1. 丙酮。

2. 硫酸溶液：(1+1)。

3. 磷酸溶液：(1+1)，将磷酸(H_3PO_4，优级纯，ρ=1.69 g/mL)与水等体积混合。

4. 氢氧化钠溶液：4 g/L。

5. 氢氧化锌共沉淀剂：使用时将 100 mL 80 g/L 硫酸锌($ZnSO_4 \cdot 7H_2O$)溶液和 120 mL 20 g/L氢氧化钠溶液混合。

6. 高锰酸钾溶液：40 g/L，称取高锰酸钾($KMnO_4$)4 g，在加热和搅拌下溶于水，最后稀释至 100 mL。

7. 铬标准储备液：0.10 mg 六价铬/mL，称取于 110 ℃下干燥 2 h 的重铬酸钾($K_2Cr_2O_7$，优级纯)(0.282 9±0.000 1)g，用水溶解后，移入 1 000 mL 容量瓶中，用水稀释至标线，摇匀。

8. 铬标准溶液 A：1.00 μg 六价铬/mL，吸取 5.00 mL 铬标准储备液置于 500 mL 容量瓶中，用水稀释至标线，摇匀。使用时当天配制。

9. 铬标准溶液 B：5.00 μg 六价铬/mL，吸取 25.00 mL 铬标准储备液置于 500 mL 容量瓶中，用水稀释至标线，摇匀。使用时当天配制。

10. 尿素溶液：200 g/L，将尿素[$CO(NH_2)_2$]20 g 溶于水并稀释至 100 mL。

11. 亚硝酸钠溶液：20 g/L，将亚硝酸钠($NaNO_2$)2 g 溶于水并稀释至 100 mL。

12. 显色剂 A：称取二苯碳酰二肼($C_{13}H_{14}N_4O$)0.2 g，溶于 50 mL 丙酮中，加水稀释到 100 mL，摇匀，贮于棕色瓶，置冰箱中(色变深后，不能使用)。

13. 显色剂 B：称取二苯碳酰二肼 2 g，溶于 50 mL 丙酮中，加水稀释到 100 mL，摇匀，贮于棕色瓶，置冰箱中(色变深后，不能使用)。

实验步骤

1. 采样

用玻璃瓶按采样方法采集具有代表性的试样。采样时，加入氢氧化钠，调节 pH 值约为 8。

2. 试样的制备

(1)样品中不含悬浮物，低色度的清洁地表水可直接测定，不需预处理。

(2)色度校正。当样品有色但不太深时，另取一份试样，以 2 mL 丙酮代替显色剂，其他步骤同步骤 4。试样测得的吸光度扣除此色度校正吸光度后，再进行计算。

(3)对浑浊、色度较深的样品可用锌盐沉淀分离法进行预处理。取适量试样(含六价铬少于 100 μg)于 150 mL 烧杯中，加水至 50 mL。滴加氢氧化钠溶液，调节溶液 pH 值为 7～8。在不断搅拌下，滴加氢氧化锌作共沉淀剂至溶液 pH 值为 8～9。将此溶液转移至 100 mL 容量瓶中，用水稀释至标线。用慢速滤纸干过滤，弃去 10～20 mL 初滤液，取其中 50.0 mL 滤液供测定。

(4)二价铁、亚硫酸盐、硫代硫酸盐等还原性物质的消除。取适量样品(含六价铬少于 50 μg)于 50 mL 比色管中，用水稀释至标线，加入 4 mL 显色剂 B 混匀，放置 5 min 后，加入 1 mL 硫酸溶液摇匀。5～10 min 后，在 540 nm 波长处，用 10 mm 或 30 mm 的比色皿，以水作参比，测定吸光度。扣除空白实验测得的吸光度后，从标准曲线上查得六价铬的含量。用同样方法绘制标准曲线。

(5)次氯酸盐等氧化性物质的消除。取适量样品(含六价铬少于 50 μg)于 50 mL 比色管中，用水稀释至标线，加入 0.5 mL 硫酸溶液、0.5 mL 磷酸溶液、1.0 mL 尿素溶液，摇匀，逐滴加入 1 mL 亚硝酸钠溶液，边加边摇匀，以除去由过量的亚硝酸钠与尿素反应生成的气泡，待气泡除尽后，以下步骤同步骤 4(免去加硫酸溶液和磷酸溶液)。

3. 空白实验

按同水样完全相同的上述处理步骤进行空白实验，用 50 mL 蒸馏水代替试样。

4. 测定

取适量(含六价铬少于 50 μg)无色透明试样，置于 50 mL 比色管中，用水稀释至标线。加入 0.5 mL 硫酸溶液和 0.5 mL 磷酸溶液，摇匀。加入 2 mL 显色剂 A，摇匀放置 5～10 min后，在 540 nm 波长处，用 10 mm 或 30 mm 的比色皿，以水作参比，测定吸光度，扣除空白实验测得的吸光度后，从标准曲线上查得六价铬的含量(如经锌盐沉淀分离、高锰酸钾氧化法处理的样品，可直接加入显色剂测定)。

5. 标准曲线的绘制

向一系列 50 mL 比色管中分别加入 0 mL、0.20 mL、0.50 mL、1.00 mL、2.00 mL、4.00 mL、6.00 mL、8.00 mL 和 10.00 mL 铬标准溶液 A 或铬标准溶液 B(如经锌盐沉淀分离法预处理，则应加倍吸取)，用水稀释至标线，然后按照步骤 4 进行处理。

以测得的吸光度减去空白实验的吸光度后，绘制以六价铬的含量对吸光度的标准曲线。

实验结果

$$六价铬含量(mg/L)=\frac{m}{V_{样}}$$

式中 m——由标准曲线查得的试样含六价铬的质量,μg;

$V_{样}$——水样的体积,mL。

六价铬含量以三位有效数字表示。

注意事项

1.清洁试样可直接测定,采样后应尽快测定,放置时间不得超过 24 h。

2.玻璃仪器不能用 $K_2Cr_2O_7$ 洗液洗涤,应用 HNO_3 和 H_2SO_4 混合液洗涤。

3.浑浊、色度较深的水样在 pH=8～9 的条件下,以氢氧化锌做共沉淀剂,此时 Cr^{3+}、Fe^{3+}、Cu^{2+} 均形成氢氧化物沉淀而与水样中的 Cr^{6+} 分离。

4.次氯酸盐等氧化性物质干扰测定,用尿素和亚硝酸钠去除。

5.显色酸度一般控制在 0.05～0.3 mol/L,0.2 mol/L 最好。

6.水样中的有机物干扰测定,用酸性 $KMnO_4$ 氧化去除。

思考题

1.测定污水中六价铬需如何处理?简述测定过程。

2.用 10 mm 比色皿和 30 mm 比色皿测出的吸光度数值是否一致?

实验十八 原子吸收法测定污水中的铜、锌、铅、镉

【预习指导】

1.原子吸收法测定水质中的铜、锌、铅、镉的测定原理和过程;

2.采取试样时应注意的问题;

3.实验中使用的所有溶液的配制方法;

4.尿素和亚硝酸钠溶液的作用;

5.还原性物质的去除方法;

6.氧化性物质的去除方法。

实验目的

1.掌握原子吸收法测定的原理和操作方法;

2.了解测量条件的选择;

3.学会原子吸收分光光度计的原理和使用方法。

实验原理

原子吸收法是根据某元素的基态原子对该元素的特征谱线的选择性吸收来进行测定的分析方法,其定量依据是朗伯-比尔定律。由空心阴极灯发射的特征谱线(锐线光源),穿越被测试样经原子化后产生的被测元素原子蒸气时,能产生选择性吸收,使入射光强度与透射光强度产生差异,通过测定基态原子的吸光度,用标准曲线法或标准加入法测定水样的吸光度,求试样中被测元素的含量。

直接吸入火焰原子吸收分光光度法是将试样或消解处理好的试样直接吸入火焰中测

定，适用于地下水、地表水和污水，适用范围为 0.05～1 mg/L。萃取或离子交换火焰原子吸收分光光度法是将试样或消解处理好的试样，在酸性介质中与吡咯烷二硫代氨基甲酸铵（APDC）配合后，用甲基异丁基酮（MIBK）萃取后吸入火焰进行测定，适用于地下水、清洁地表水，适用范围为 1～50 μg/L。石墨炉原子吸收分光光度法是将试样直接注入石墨炉内进行测定，适用于地下水和清洁地表水，适用范围为 0.1～2 μg/L。

水样用 HNO_3 和 $HClO_4$ 混合液消解。

直接吸入法：共存离子在常见浓度下不干扰测定，钙离子浓度高于 1 000 mg/L 时可抑制镉吸收。

萃取吸收法：铁含量低于 5 mg/L 时不干扰测定；铁含量高时用碘化钾-甲基异丁基酮萃取体系效果好，萃取时避免日光直射，远离热源。样品中存在强氧化剂时，萃取前应除去，否则会破坏吡咯烷二硫代氨基甲酸铵。

石墨炉法：氯化钠对测定有干扰，每 20 μg 水样加入 5%磷酸钠溶液 10 μL，以消除基体效应的影响。

实验仪器

1.原子吸收分光光度计。

2.空心阴极灯：铜、锌、铅、镉空心阴极灯。

实验试剂

1.硝酸：ρ=1.42 g/mL，(1+1)，(1+499)，优级纯。

2.高氯酸：ρ=1.67 g/mL，优级纯。

3.氧化剂、空气进入燃烧器之前要过滤，以除去其中的水、油和其他杂质。

4.乙炔：纯度不低于 99.6%。

5.金属离子储备液：1.000 g/L，称取 1.000 g 光谱纯金属（精确到 0.001 g），用优级纯硝酸溶解，必要时加热，直至溶解完全，然后用水稀释定容至 1 000 mL。

7.中间标准溶液：用硝酸溶液（1+499）稀释金属离子储备液，使溶液中铜、锌、铅、镉的浓度分别为 50.00 mg/L、10.00 mg/L、100.0 mg/L 和 10.00 mg/L。

操作步骤

1.采样

按采样要求采取具有代表性的试样。

2.试样处理

(1)测定溶解的金属时，样品采集后立即通过 0.45 μm 的滤膜过滤，滤液用硝酸酸化至 pH=1～2（正常状态下 1 000 mL 样品需 2 mL 浓硝酸），按步骤 3 测定。

(2)测定金属总量时，如果样品不需要消解，用实验室样品，按步骤 3 进行测定。如果需要硝酸消解，操作过程如下：

加入 5 mL 优级纯硝酸，在电热板上加热消解，确保样品不沸腾，蒸至 10 mL 左右，加 5 mL 优级纯硝酸和 2 mL 高氯酸，继续消解，蒸至 1 mL 左右。如果消解不完全，再加入 5 mL 硝酸和 2 mL 高氯酸，再蒸到 1 mL 左右。取下冷却，加水溶解残渣，通过中速滤纸（预先用酸洗涤）滤入 100 mL 容量瓶中，用水稀释至标线。

3. 开机

选择与待测元素相应的空心阴极灯，按表 6-1 的工作条件将仪器调试到工作状态(调试操作按仪器说明书进行)。

表 6-1　　元素的特征谱线

元素	特征谱线/nm	非特征吸收谱线/nm	元素	特征谱线/nm	非特征吸收谱线/nm
铜	324.7	324(锆)	铅	283.3	283.7(锆)
锌	213.8	214(氘)	镉	228.8	229(氘)

4. 标准曲线

参照表 6-2 在 100 mL 容量瓶中，用硝酸溶液(1＋499)稀释中间标准溶液，每种元素至少配制 4 个工作标准溶液，其浓度范围应包括被测元素的浓度。

表 6-2　　工作标准溶液

中间标准溶液加入体积/mL		0.50	1.00	5.00	10.0	中间标准溶液加入体积/mL		0.50	1.00	5.00	10.0
工作标准溶液浓度/(mg/L)	铜	0.25	0.50	2.50	5.00	工作标准溶液浓度/(mg/L)	铅	0.50	1.00	5.00	10.0
	锌	0.05	0.10	0.50	1.00		镉	0.05	0.10	0.50	1.00

吸入硝酸溶液(1＋499)，将仪器调零。由稀释浓度分别吸入各工作标准溶液，测出相应吸光度并记录之。注意，每测一个工作标准溶液均要吸喷硝酸溶液(1＋499)，将仪器调零后再吸喷下一个试液。

用测得的吸光度与相对应的浓度绘制标准曲线。

5. 测定空白

取 100.0 mL 硝酸溶液(1＋499)代替样品，置于 200 mL 烧杯中，与试样进行相同处理后，以相应元素工作标准溶液的测定条件测出空白溶液的吸光度并记录之。

6. 测定各元素

在与相应元素工作标准溶液相同的测定条件下，吸喷已处理过的试样试液，分别测出各相应元素的吸光度并记录之。

实验结果

以扣除相应空白吸光度的试样吸光度，在标准曲线上查出相应金属元素的浓度。

注意事项

1. 当元素浓度分别为铜 1～50 μg/L、铅 10～200 μg/L、镉 1～50 μg/L 时，常用螯合萃取法测定：用吡咯烷二硫代氨基甲酸铵在 pH＝3.0 时与金属离子螯合后，萃取入甲基异丁基酮中，然后吸入火焰进行原子吸收分析。

2. 钙浓度高于 1 000 mg/L 时，对镉测定有干扰；铁浓度高于 100 mg/L 时，对锌测定有干扰。

3. 采样用聚乙烯瓶，采样瓶应先酸洗，使用前用水洗净。

4. 为了检验是否存在基体干扰或背景吸收，可通过加入适量标样，测定标样的回收率以判断基体干扰的程度；通过测定特征谱线附近 1 nm 内的一条非特征吸收谱线处的吸收可判断背景吸收的大小。与特征谱线对应的非特征吸收谱线可根据表 6-1 选择。

5. 在测定过程中，要定期地复测空白和工作标准溶液，以检查基线的稳定性和仪器的灵敏度是否发生了变化。

根据检验结果，如果存在基体干扰，用标准加入法测定并计算结果；如果存在背景吸收，用自动背景校正装置或邻近非特征吸收法进行校正，后一种方法是从特征谱线处测得的吸收值中扣除邻近非特征吸收谱线处的吸收值，得到被测元素原子的真正吸收。此外，也可使用螯合萃取法或样品稀释法降低或排除产生基体干扰或背景吸收的组分。

6. 消解中使用的高氯酸有爆炸危险，整个消解操作应在通风柜中进行。

思考题

1. 原子吸收分光光度法的定量方法有哪些？

2. 原子吸收分光光度计的组成部分有哪些？

3. 如何消除基体干扰？

实验十九 污水中氨氮的测定

一、蒸馏滴定法

【预习指导】

1. 氨氮的测定原理和过程；

2. 蒸馏装置的安装和操作方法；

3. 无氨水、盐酸标准溶液的配制方法；

4. 轻质氧化镁和溴百里酚蓝指示液的作用；

5. 硼酸-指示剂吸收溶液的配制方法。

实验目的

1. 掌握蒸馏滴定法的原理和操作；

2. 学会试样的预处理方法。

实验原理

取一定体积的试样，调节 pH＝6.0～7.4，加入氧化镁使溶液呈微碱性。加热蒸馏，释出的氨被吸入硼酸溶液中，以甲基红-亚甲基蓝为指示剂，用盐酸标准溶液滴定。根据消耗的盐酸标准溶液的体积，求出试样中氨氮的含量。

实验仪器

1. 蒸馏装置：凯氏定氮蒸馏装置或水蒸气蒸馏装置。

2. 滴定分析装置。

实验试剂

1. 无氨水。

2. 盐酸溶液：ρ＝1.18 g/mL，1%(V/V)，0.10 mol/L，0.02 mol/L。

3. 氢氧化钠溶液：1 mol/L。

4. 轻质氧化镁：在 500 ℃时灼烧除去其中的碳酸盐。

5. 吸收液：硼酸-指示剂溶液，将 0.5 g 水溶性甲基红溶于约 800 mL 水中，稀释至

1 000 mL;将 1.5 g 亚甲基蓝溶于约 800 mL 水中,稀释至 1 000 mL。将 20 g 硼酸(H_3BO_3)溶于温水,冷却至室温,加入 10 mL 甲基红指示剂溶液和 2 mL 亚甲基蓝指示剂溶液,稀释至 1 000 mL。

6. 溴百里酚蓝指示液:0.5 g/L。

7. 沸石和防沫剂(石蜡碎片等)。

实验步骤

1. 采样

按采样要求采集具有代表性的试样于聚乙烯瓶或玻璃瓶中。

2. 样品保存

采样后尽快分析,否则应在 2～5 ℃下存放,或用硫酸(ρ=1.84 g/mL)将样品酸化,使其 pH 值小于 2(应注意防止酸化样品因吸收空气中的氨而被污染)。

3. 试样体积的选择(见表 6-3)

表 6-3　　试样体积的选择

铵浓度/(mg/L)	试样体积/mL	铵浓度/(mg/L)	试样体积/mL
<10	250	20～50	50
10～20	100	50～100	25

4. 试样制备

取 250 mL 试样(如氨氮含量较高,可取适量水样并加水至 250 mL,使氨氮含量不超过 2.5 mg),移入凯氏烧瓶中,加数滴溴百里酚蓝指示液,用氢氧化钠溶液或盐酸溶液调节 pH 值至 7 左右。加入 0.25 g 轻质氧化镁和数粒玻璃珠,立即连接氮球和冷凝管,导管下端插入 50 mL 吸收液液面之下。加热蒸馏,馏出液的收集速度约为 10 mL/min。收集至馏出液达 200 mL 时,停止蒸馏。定容至 250 mL。

5. 测定

用 0.10 mol/L 盐酸标准溶液滴定馏出液至呈紫色即为终点。记录消耗的盐酸标准溶液的体积。同时做空白实验。

实验结果

$$氨氮(mg/L)=\frac{c(V-V_0)\times 14.01\times 1\,000}{V_{样}}$$

式中　c——盐酸标准溶液的浓度,mol/L;

V——滴定试样时消耗的盐酸标准溶液的体积,mL;

V_0——空白实验时消耗的盐酸标准溶液的体积,mL;

$V_{样}$——试样的体积,mL;

14.01——氮的摩尔质量,g/mol。

注意事项

1. 若试样中存在余氨,应加入几粒结晶硫代硫酸钠或亚硫酸钠去除。

2. 滴定由含铵量高的水样所得馏出液时,可用 0.02 mol/L 盐酸标准溶液滴定。

3. 尿素、挥发性胺类、氯胺等干扰测定,会产生正误差。

4. 氨只要被蒸馏至吸收瓶就可以滴定。如果氨的蒸出速度很慢,表明可能存在干扰物质，它仍在缓慢水解产生氨。

思考题

1. 若试样中存在余氨时对测定结果有何影响？

2. 试分析产生误差的原因？

二、纳氏试剂比色法

【预习指导】

1. 氨氮的测定原理和过程；

2. 蒸馏装置的安装和操作方法；

3. 纳氏试剂的配制方法；

4. 酒石酸钾钠溶液的作用。

实验目的

1. 掌握纳氏试剂比色法的原理和操作；

2. 熟悉试样中干扰成分的去除方法。

实验原理

在试样中加入碘化钾和碘化汞的强碱性溶液（纳氏试剂），与氨反应生成黄棕色胶态化合物，此颜色在较宽的波长范围内具有强烈吸收。通常于 410～425 nm 波长处测吸光度，求出试样中的氨氮含量。

$$2K_2[HgI_4]+3KOH+NH_3 = NH_2Hg_2OI+7KI+2H_2O$$

本方法的最低检出浓度为 0.025 mg/L，测定上限为 2 mg/L。采用目视比色法时最低检出浓度为 0.02 mg/L。

实验仪器

1. 分光光度计。

2. 蒸馏装置：凯氏定氮蒸馏装置或水蒸气蒸馏装置。

实验试剂

1. 吸收液：20 g/L 硼酸水溶液。

2. 纳氏试剂：称取 20 g 碘化钾溶于约 25 mL 水中，边搅拌边分次少量加入二氯化汞（$HgCl_2$）结晶粉末约 10 g，至出现朱红色沉淀不易溶解时，改为滴加饱和二氯化汞溶液，并充分搅拌，当出现微量朱红色沉淀不再溶解时，停止滴加饱和二氯化汞溶液。另称取 60 g 氢氧化钾溶于水，并稀释至 250 mL，冷却至室温后，将上述溶液徐徐注入氢氧化钾溶液中，用水稀释至 400 mL，混匀。静置过夜，将上清液移入聚乙烯瓶中，密封保存。

3. 酒石酸钾钠溶液：称取 50 g 酒石酸钾钠（$KNaC_4H_4O_6 \cdot 4H_2O$）溶于 100 mL 水中，加热煮沸以除去氨，放冷。定容至 100 mL。

4. 铵标准储备液：1.0 mg/mL，称取 3.819 g 在 100 ℃下干燥过的氯化铵（NH_4Cl）溶于水中，移入 1 000 mL 容量瓶中，稀释至标线。

5. 铵标准使用溶液：0.010 mg/mL，移取 5.00 mL 铵标准储备液于 500 mL 容量瓶中，用水稀释至标线。

6. 硫酸锌溶液：10%。

7. 氢氧化钠溶液：25%。

8. 硫代硫酸钠溶液:0.35%。

9. 淀粉-碘化钾试纸。

实验步骤

1. 采样和样品保存(同蒸馏滴定法)

2. 试样制备

采用絮凝沉淀法进行预处理。取 100 mL 试样,加入 1 mL 10%硫酸锌溶液和 0.1～0.2 mL 氢氧化钠溶液,调节 pH 值至 10.5 左右,混匀,放置使之沉淀。用经无氨水充分洗涤过的中速滤纸过滤,弃去初滤液 20 mL。若试样中含有余氨,可在絮凝沉淀前加入适量(每 0.5 mL 可除去 0.25 mg 余氨)硫代硫酸钠溶液,用淀粉-碘化钾试纸检验。若试样经絮凝沉淀法处理后仍浑浊和带色,则应采用蒸馏法处理试样,并用硼酸水溶液吸收。

3. 标准曲线绘制

分别吸取 0 mL、0.50 mL、1.00 mL、2.00 mL、3.00 mL、5.00 mL、7.00 mL、10.00 mL 铵标准使用液于 50 mL 比色管中,加水至标线,加 1.0 mL 酒石酸钾钠,混匀。加 1.5 mL 纳氏试剂,混匀。放置 10 min 后,在波长 420 nm 处,用 20 mm 比色皿,以水为参比,测定吸光度,减去零浓度空白管的吸光度后,得到校正吸光度,绘制以氨氮含量(mg)对校正吸光度的标准曲线。

4. 试样测定

吸取适量絮凝沉淀预处理后的试样(使氨氮含量不超过 0.1 mg),加入 50 mL 比色管中,稀释至标线;吸取适量蒸馏预处理后的馏出液,加入 50 mL 比色管中,加一定量 1 mol/L氢氧化钠溶液以中和硼酸,稀释至标线。

向上述比色管中加入 1.0 mL 酒石酸钾钠溶液,混匀。再加入 1.5 mL 纳氏试剂,混匀。放置 10 min 后,按绘制标准曲线的测定条件测定试样的吸光度。用 50 mL 无氨水代替试样,同时做空白实验。

实验结果

由试样测得的吸光度减去空白实验的吸光度后,从标准曲线上查氨氮含量(mg)。

$$\text{氨氮}(\text{mg/L})=\frac{m}{V_{\text{样}}}\times 1\ 000$$

式中　m——由标准曲线查得的氨氮含量,mg;

　　$V_{\text{样}}$——试样的体积, mL。

注意事项

1. 纳氏试剂中碘化汞与碘化钾的比例对显色反应的灵敏度有较大影响。静置后生成的沉淀应去除。

2. 滤纸中常含有痕量的铵盐,使用时注意用无氨水洗涤。所用的玻璃器皿应避免被实验室空气中的氨沾污。

3. 纳氏试剂有毒,操作时要小心。

思考题

1. 测定氨氮时的干扰物质有哪些? 如何消除?

2. 絮凝沉淀法和蒸馏法预处理各适用于何种试样?

3. 试比较蒸馏滴定法和纳氏试剂比色法的特点及适用范围。

实验二十　化学耗氧量的测定

【预习指导】

1. 化学耗氧量的测定原理和过程；
2. 回流装置的安装和操作方法；
3. 硫酸银-硫酸溶液、重铬酸钾标准溶液 $c(\frac{1}{6}K_2Cr_2O_7)=0.250$ mol/L、硫酸亚铁铵标准溶液 $c[(NH_4)_2Fe(SO_4)_2 \cdot 6H_2O]\approx 0.10$ mol/L、邻苯二甲酸氢钾标准溶液、1,10-邻菲啰啉指示液等溶液的配制、标定方法；
4. 硫酸银和硫酸汞的作用；
5. 做空白实验的目的；
6. 分析实验产生误差的原因，分析结果是否准确的评价方法。

实验目的

1. 掌握化学耗氧量的测定原理和操作；
2. 了解回流操作的基本要点；
3. 熟练运用滴定分析法进行测定。

实验原理

化学耗氧量是指在一定条件下，氧化 1 L 水样中还原性物质所消耗的氧化剂的量，以氧的 mg/L 表示。在强酸性溶液中，在水样中加硫酸汞和催化剂硫酸银，用重铬酸钾氧化水样中的还原性物质，加热沸腾后回流 2 h，过量的重铬酸钾以 1,10-邻菲啰啉做指示剂，用硫酸亚铁铵标准溶液回滴，同样条件做空白实验，根据标准溶液的用量计算水样的化学耗氧量。

污水 COD 值大于 50 mg/L 时，可用 0.25 mol/L 的 $K_2Cr_2O_7$ 溶液；污水 COD 值为 5～50 mg/L时可用 0.025 mol/L 的 $K_2Cr_2O_7$ 溶液。

实验仪器

1. 酸式滴定管：25 mL 或 50 mL。
2. 回流装置：带有 24 号标准磨口的 250 mL 锥形瓶的全玻璃回流装置。回流冷凝管的长度为 300～500 mm。若取样量在 30 mL 以上，可采用 500 mL 锥形瓶的全玻璃回流装置。

实验试剂

1. 硫酸银：化学纯。
2. 硫酸汞：化学纯。
3. 硫酸：$\rho=1.84$ g/L，化学纯。
4. 硫酸银-硫酸溶液：向 1 L 硫酸中加入 10 g 硫酸银，放置 1～2 天使之溶解，并混匀，使用前小心摇动。
5. 重铬酸钾标准溶液：$c(\frac{1}{6}K_2Cr_2O_7)=0.250$ mol/L，将 12.258 g 在 105 ℃下干燥 2

h 的重铬酸钾溶于水中，稀释至 1 000 mL。

6. 硫酸亚铁铵标准溶液：$c[(NH_4)_2Fe(SO_4)_2 \cdot 6H_2O] \approx 0.10$ mol/L，溶解 39 g 六水硫酸亚铁铵于水中，加入 20 mL 浓硫酸，待溶液冷却后稀释至 1 000 mL。

硫酸亚铁铵标准溶液的标定：取 10.00 mL 重铬酸钾标准溶液置于锥形瓶中，用水稀释至约 100 mL，加入 30 mL 硫酸混匀冷却后，加 3 滴(约 0.15 mL)试亚铁灵指示剂，用硫酸亚铁铵滴定，溶液的颜色由黄色经蓝绿色变为红褐色，即为终点。记录下硫酸亚铁铵的消耗量 V(mL)，并按下式计算硫酸亚铁铵标准溶液的浓度：

$$c[(NH_4)_2Fe(SO_4)_2 \cdot 6H_2O] = \frac{10.00 \times 0.250}{V}$$

7. 邻苯二甲酸氢钾标准溶液：$c(KC_8H_5O_4) = 2.082\ 4$ mmol/L，称取在 105 ℃下干燥 2 h 的邻苯二甲酸氢钾 0.425 1 g 溶于水，并稀释至 1 000 mL，混匀。以重铬酸钾为氧化剂，将邻苯二甲酸氢钾完全氧化至 COD 值为 1.176(指 1 g 邻苯二甲酸氢钾耗氧 1.176 g)，故该标准溶液的理论 COD 值为 500 mg/L。

8. 1,10-邻菲啰啉指示液：溶解 0.7 g 七水硫酸亚铁($FeSO_4 \cdot 7H_2O$)于 50 mL 的水中，加入 1.5 g 1,10-邻菲啰啉，搅拌至溶解，加水稀释至 100 mL。

9. 防爆沸玻璃珠。

实验步骤

1. 采样

采集不少于 100 mL 具有代表性的试样。

2. 试样保存

水样要采集于玻璃瓶中，并尽快分析；如不能立即分析，则应加入硫酸至 pH<2，置于 4 ℃下保存，但保存时间不得超过 5 天。

3. 回流

清洗所要使用的仪器，安装好回流装置，如图 6-1 所示。

将试样充分摇匀，取出 20.0 mL(或取试样适量加水稀释至 20.0 mL)置于 250 mL 锥形瓶内，准确加入 10.0 mL 重铬酸钾标准溶液及数粒防爆沸玻璃珠。连接磨口回流冷凝管，从冷凝管上口慢慢加入 30 mL 硫酸银-硫酸溶液，轻轻摇动锥形瓶使溶液混匀，回流两小时。冷却后用 20～30 mL 水自冷凝管上端冲洗冷凝管后取下锥形瓶，再用水稀释至 140 mL 左右。

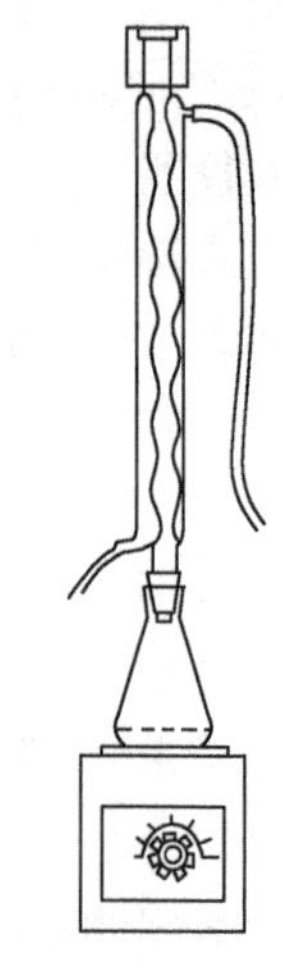

图 6-1　回流装置

4. 试样测定

溶液冷却至室温后，加入 3 滴 1,10-邻菲啰啉指示液，用硫酸亚铁铵标准溶液滴定至溶液由黄色经蓝绿色变为红褐色为终点。记下硫酸亚铁铵标准溶液的消耗体积 V。

5. 空白实验

按相同步骤以 20.0 mL 蒸馏水代替试样进行空白实验，记录空白滴定时消耗的硫酸亚铁铵标准溶液的体积 V_0。

6. 校核实验

按测定试样同样的方法分析 20.0 mL 邻苯二甲酸氢钾标准溶液的化学耗氧量值，用以检验操作技术及试剂纯度。该溶液的理论化学耗氧量值为 500 mg/L，如果校核实验的结果大于该值的 96%，即可认为实验步骤基本上是适宜的；否则，必须寻找失败的原因，重复实验使之达到要求。

实验结果

$$\text{COD(mg/L)}=\frac{c(V_0-V)\times 8\times 1\ 000}{V_{样}}$$

式中 c——硫酸亚铁铵标准溶液的浓度，mol/L；

V_0——空白实验所消耗的硫酸亚铁铵标准溶液的体积，mL；

V——试样测定所消耗的硫酸亚铁铵标准溶液的体积，mL；

$V_{样}$——试样的体积，mL；

8——$\frac{1}{4}O_2$ 的摩尔质量，g/mol。

测定结果一般保留三位有效数字，对化学耗氧量值小的水样，当计算出化学耗氧量值小于 10 mg/L 时，应表示为“化学耗氧量<10 mg/L”。

注意事项

1. 该方法对于未经稀释的试样，其化学耗氧量测定上限为 700 mg/L，超过此限时必须经稀释后测定。

2. 在特殊情况下，需要测定的试样为 10.0～50.0 mL 时，试剂的体积或质量可按表 6-4 做相应的调整。

表 6-1 试剂用量表

水样体积/mL	0.250 mol/L 重铬酸钾溶液/mL	硫酸-硫酸银溶液/mL	硫酸汞/g	$[(NH_4)_2Fe(SO_4)_2\cdot 6H_2O]$ /(mol/L)	滴定前体积/mL
10.0	5.0	15	0.2	0.050	70
20.0	10.0	30	0.4	0.100	140
30.0	15.0	45	0.6	0.150	210
40.0	20.0	60	0.8	0.200	280
50.0	25.0	75	1.0	0.250	350

3. 对于化学耗氧量小于 50 mg/L 的试样，应采用低浓度的重铬酸钾标准溶液（用本实验中所用的重铬酸钾标准溶液稀释 10 倍）氧化，加热回流以后，采用低浓度的硫酸亚铁铵标准溶液（用本实验中所用的硫酸亚铁铵标准溶液稀释 10 倍）回滴。对于污染严重的试样，可选取所需体积 1/10 的试样和 1/10 的试剂，放入 10 mm×150 mm 硬质玻璃试管中，摇匀后，用酒精灯加热至沸，数分钟后观察溶液是否变成蓝绿色。如呈蓝绿色，应再适当少加试料，重复以上实验，直至溶液不变为蓝绿色为止，从而确定待测试样适当的稀释倍数。

4. 氯离子干扰测定，可加入硫酸汞去除，加入 0.4 g 硫酸汞配合氯离子 40 mg，若取 20.00 mL试样，0.4 g 硫酸汞可配合 2 000 mg/L 氯离子的试样。

思考题

1. 加入硫酸银和硫酸汞的目的是什么？

2. 若要改进化学耗氧量的测定，你是怎样考虑的？

3. 回流时发现溶液颜色变绿，试分析原因并提出处理办法。

第7章

气体分析

气体分析阐述了工业生产中常见气体的分析项目和分析方法，介绍了二氧化碳、氧气、一氧化碳、不饱和烃、甲烷、氢气等气体的分析方法，主要采用了吸收法、燃烧法及气相色谱法进行测定；同时对大气中硫的氧化物、氮的氧化物等进行分析，主要采用分光光度法进行测定。本章主要介绍气体分析中常见的一些项目的分析方法。

实验二十一　化学分析法半水煤气的测定

【预习指导】

1. 改良奥氏气体分析仪的组成及各个部分的作用；

2. 仪器的安装及操作，注入吸收液，使用三通活塞（即如何利用三通活塞控制气体的流动方向）；

3. 吸收操作时反复使试样气体通过吸收液，使被测定组分完全吸收；

4. 读取吸收体积时，水准瓶的液面与量气管的液面处于同一水平面上，同时注意吸收前后环境的温度和压力是否有变化；

5. 配制各种对应吸收液；

6. 分析实验产生误差的原因，分析结果是否准确的评价方法。

实验目的

1. 掌握气体分析仪的安装和使用方法；

2. 掌握各种气体的分析方法和含量计算。

实验原理

吸收法是利用气体的化学性质，使气体混合物和特定的吸收剂接触。此种吸收剂能对混合气体中待测组分气体定量地发生化学吸收作用（而不与其他组分发生任何作用）。若吸收前后的温度及压力保持一致，则吸收前后的气体体积之差即为待测气体的体积。

有些气体没有很好的吸收剂却具有可燃性，如氢气和甲烷，不能用吸收法测定，因此用燃烧法测定。当可燃性气体燃烧时，其体积发生缩减，并消耗一定体积的氧气，产生一定体积的二氧化碳。它们都与原来的可燃性气体体积有一定的比例关系，可根据它们之间的这种定量关系，分别计算出各种可燃性气体组分的含量。

实验仪器

改良奥氏气体分析仪。

实验试剂

1. 氢氧化钾溶液：33%，称取1份质量的氢氧化钾，溶解于2份质量的蒸馏水中。

2. 焦性没食子酸碱性溶液：称取5 g焦性没食子酸溶解于15 mL水中，另称取48 g氢氧化钾溶解于32 mL水中，使用前将两种溶液混合，摇匀，装入吸收瓶中。

3. 氯化亚铜氨性溶液：称取250 g氯化铵溶于750 mL水中，再加入200 g氯化亚铜，把此溶液装入试剂瓶中，放入一定量的铜丝，用橡皮塞塞紧，溶液应呈无色。在使用前加入密度为0.9 g/mL的氨水，其量是2体积的氨水与1体积的亚铜盐混合。

4. 封闭液：在10%的硫酸溶液中加入数滴甲基橙。

实验步骤

1. 准备工作

首先将洗涤洁净并干燥好的气体分析仪各部件用橡皮管连接并安装好。所有旋转活塞都必须涂抹润滑剂，使其转动灵活。

(1)根据拟好的分析顺序，将各吸收剂分别由吸收瓶的承受部分注入吸收瓶中。进行煤气分析时，吸收瓶Ⅰ中注入33%的KOH溶液；吸收瓶Ⅱ中注入焦性没食子酸碱性溶液；吸收瓶Ⅲ、Ⅳ中注入亚铜氨溶液。在吸收液上部可倒入5～8 mL液体石蜡，在水准瓶中注入封闭液。

(2)检验漏气。先排出量气管中的废气，再关闭所有吸收瓶和燃烧瓶上的旋塞，将三通活塞旋至量气管与大气相通，提高水准瓶，使量气管液面升至量气管的顶端标线为止。然后排出吸收瓶中的废气，将三通活塞旋至与空气隔绝，打开吸收瓶Ⅰ的活塞，同时放低水准瓶，使吸收瓶Ⅰ中的吸收液液面上升至标线，关闭活塞。依次同样使吸收瓶Ⅱ、Ⅲ、Ⅳ及爆炸球等的液面均升至标线。再将三通活塞旋至与量气管相通，提高水准瓶，将量气管内的气体排出，并使液面升至标线，然后将三通活塞旋至与空气隔绝，将水准瓶放在底板上。如量气管内液面开始稍微移动后即保持不变，并且各吸收瓶及爆炸球等的液面也保持不变，表示仪器已不漏气；如果液面下降，则有漏气的地方(一般常在橡皮管连接处或者活塞)，应检查出，并重新处理。

2. 测定

(1)取样。各吸收瓶及爆炸球等的液面应在标线上。气体导入管与取好试样的球胆相连。旋转三通活塞使之与量气管相通，打开球胆上的夹子，同时放低水准瓶，当气体试样吸入量气管少许后，旋转三通活塞使之与外界相通，升高水准瓶将气体试样排出，如此操作(洗涤)2～3次后，再旋转三通活塞使之与量气管相通，放低水准瓶，将气体试样吸入量气管中。当液面下降至刻度"0"以下少许，旋转三通活塞使之与外界相通，小心升高水准瓶使多余的气体试样排出(此操作应小心、快速、准确，以免空气进入)，而使量气管中的液面至刻度"0"处(两液面应在同一水平面上)。最后将三通活塞旋至与量气管相通，这样，采取气体试样完毕，即采取气体试样为100.00 mL。

(2)吸收。打开KOH吸收瓶Ⅰ上的活塞，升高水准瓶，将气体试样压入吸收瓶Ⅰ中，直至量气管内的液面快到标线为止。然后放低水准瓶，将气体试样抽回，如此往返 3～4 次，最后一次将气体试样自吸收瓶中全部抽回，当吸收瓶Ⅰ内的液面升至顶端标线，关闭吸收瓶Ⅰ上的活塞，将水准瓶移近量气管，使两液面对齐，等 30 s 后，读出气体体积(V_1)，吸收前后体积之差($V-V_1$)即为气体试样中所含 CO_2 的体积。在读取体积后，应检查吸收是否完全，为此再重复上述操作步骤一次，如果体积相差不大于 0.10 mL，则可认为已吸收完全。

按同样的操作方法依次吸收 O_2、CO 等气体。继续做燃烧法测定，打开吸收瓶Ⅱ上的活塞，将剩余气体全部压入吸收瓶Ⅱ中贮存，关上活塞。

(3)爆炸燃烧。先升高连接爆炸球的水准瓶，并打开相应活塞，旋转三通活塞，使爆炸球内残气排出，并使爆炸球内的液面升至球顶端的标线处，关闭活塞，升高水准瓶，使量气管内的气体全部排出，放低水准瓶引入空气冲洗梳形管，再升高水准瓶将空气排出，如此用空气冲洗 2～3 次，最后引入 80.00 mL 空气，旋转三通活塞使之与吸收瓶Ⅱ相通，打开吸收瓶Ⅱ上的活塞，放低水准瓶(注意空气不能进入吸收瓶Ⅱ内)，量取约 10.00 mL 剩余气体，关闭活塞，准确读数，此体积为进行燃烧时气体的总体积。打开爆炸球上的活塞，将混合气体压入爆炸球内，并来回抽压 2 次，使之充分混匀，最后将全部气体压入爆炸球内。关闭爆炸球上的活塞，将爆炸球的水准瓶放在桌上(切记爆炸球下的活塞是开着的)。按下感应圈开关，再慢慢转动感应圈上的旋钮，则爆炸球的两铂丝间会有火花产生，使混合气体爆燃，燃烧完后，把剩余气体(燃烧后的剩余气体)压回量气管中，量取气体体积。前后体积之差为燃烧缩减的体积($V_{缩}$)。再将气体压入 KOH 吸收瓶Ⅰ中，吸收生成 CO_2 的体积($V_{生}(CO_2)$)。每次测量体积时记下温度与压力，需要时，可以在计算中用以进行校正。实验完毕做好清理工作。

实验结果

如果在分析过程中，气体的温度和压力有所变动，则应将测得的全部气体体积换算成原来试样的温度和压力下的体积。但在通常情况下，一般温度和压力是不会改变(在室温常压下)的，故可省去换算工作，直接用测得的结果(体积)来计算出各组分的含量。

1. 吸收部分

$$CO_2\% = \frac{V(CO_2)}{V_{样}} \times 100\%$$

式中 $V_{样}$——采取试样的体积，mL；

$V(CO_2)$——试样中含 CO_2 的体积(用 KOH 溶液吸收前后气体体积之差)，mL。

$$O_2\% = \frac{V(O_2)}{V_{样}} \times 100\%$$

式中 $V(O_2)$——试样中含 O_2 的体积，mL。

$$CO\% = \frac{V(CO)}{V_{样}} \times 100\%$$

式中 $V(CO)$——试样中含 CO 的体积，mL。

2. 燃烧部分

$$CH_4\% = \frac{V(CH_4)}{V_{样}} \times 100\%$$

因为，在燃烧时生成的CO_2体积与CH_4体积相等，即

$$V(CH_4)=V_{生}(CO_2)$$

所以

$$CH_4\%=\frac{V_{生}(CO_2)}{V_{样}}\times\frac{V_{余}}{V_{取}}\times 100\%$$

式中 $V_{余}$——吸收CO_2、O_2、CO后剩余气体体积，mL；

$V_{取}$——从剩余气体中取出一部分进行燃烧的气体体积，mL；

$V_{生}(CO_2)$——燃烧时甲烷生成的CO_2体积，mL；

$V(CH_4)$——量取进行燃烧气体中所含CH_4的体积，mL。

$$H_2\%=\frac{V(H_2)}{V_{样}}\times\frac{V_{余}}{V_{取}}\times 100\%$$

因为，燃烧后体积的缩减等于原有CH_4体积的2倍与原有H_2体积的1.5倍之和，即

$$V_{缩}=2V(CH_4)+1.5V(H_2)$$

又因为

$$V(CH_4)=V_{生}(CO_2)$$

所以

$$H_2\%=\frac{2}{3}\times\frac{V_{缩}-2V_{生}(CO_2)}{V_{样}}\times\frac{V_{余}}{V_{取}}\times 100\%$$

式中 $V_{缩}$——气体燃烧后总体积的缩减数，mL；

$V(H_2)$——量取进行燃烧气体中所含H_2的体积，mL。

注意事项

1.必须严格遵守分析程序，各种气体的吸收顺序不得更改。

2.读取体积时，必须保持两液面在同一水平面上。

3.在进行吸收操作时，应始终观察上升液面，以免吸收液、封闭液冲到梳形管中。水准瓶应匀速上、下移动，不得过快。

4.仪器各部件均为玻璃制品，转动活塞时不得用力过猛。

5.如果在工作中吸收液进入活塞或梳形管中，可用封闭液清洗；如果封闭液变色，则应更换。新换的封闭液应用分析气体饱和。

6.如果仪器短期不使用，应经常转动碱性吸收瓶的活塞，以免粘住；如果长期不使用应清洗干净，干燥保存。

思考题

1.测定某种气体时，为何要反复使气体试样通过吸收液？

2.读取气体体积时，应保留几位有效数字？

3.在盛装亚铜氨溶液的吸收瓶中，为何要在吸收液上部倒入5～8 mL液体石蜡？

4.在封闭液中为何要加几滴甲基橙？

5.如何检查系统的气密性？

实验二十二　气相色谱法半水煤气的测定

【预习指导】

1. 气相色谱仪的组成；

2. 用外标法、内标法或归一化法确定被测组分的含量；

3. 色谱条件的选择。

实验目的

1. 掌握气相色谱仪的组成、功能和使用方法；

2. 掌握用外标法计算被测组分的含量的方法。

实验原理

半水煤气是合成氨的原料气，它的主要成分是 H_2、CO_2、CO、N_2、CH_4 等，在常温下 CO_2 在分子筛柱上不出峰，所以，用一根色谱柱难以对半水煤气进行全分析。本实验以氢气为载气，利用 GDX－104 和 13X 分子筛双柱串联热导池检测器，一次进样，用外标法测得 CO_2、CO、N_2、CH_4 等的含量，H_2 的含量用差减法计算。本法对半水煤气中主要成分进行分析的特点是快速、准确、操作简单、易于实现自动化，现已广泛应用于合成氨生产的中间控制分析。

实验仪器

1. 气相色谱仪：GDX－104 和 13X 分子筛双柱串联热导池检测器。

2. 色谱柱的制备：筛选 40～60 目 13X 分子筛 10 g 于 550～600 ℃高温炉中灼烧 2 h，筛选 60～80 目 GDX－104(高分子多孔小球)5 g 于 80 ℃氢气流中活化 2 h(可直接装入色谱柱中在恒温下活化)备用。取内径为 4 mm，分别长 2 m 和 1 m 的不锈钢色谱柱各 1 支，用 5%～10%热的氢氧化钠溶液浸泡，洗去油污，用清水洗净烘干。将处理好的固定相装入色谱柱中，1 m 柱装 GDX－104，2 m 柱装 13X 分子筛。装好的色谱柱注意各管接头要密封好。

实验步骤

1. 仪器启动

(1)检查气密性。慢慢打开钢瓶总阀、减压阀及针阀，将柱前载气压力调到 1.5 kgf/cm^2(表压)，放空口应有气体流出(通室外)。用皂液检查接头是否漏气，如果漏气应及时处理。

(2)调节载气流速。用针形阀调节载气流速为 60 mL/min。

(3)恒温。检查电气单元接线正常后，开动恒温控制器电源开关，将定温旋钮放在适当位置，使色谱柱和热导池都恒温在 50 ℃。

(4)加桥流。打开热导池电气单元总开关，用“电流调节”旋钮将桥流加到150 mA，同时启动记录仪，记录仪的指针应指在零点附近某一位置。

(5)调零。按仪器使用说明书的规定，用热导池电气单元上的“调零”和“池平衡”旋钮将电桥调平衡，用“记录调零”旋钮将记录器的指针调至量程中间位置，待基线稳定后即可进行测定。

2. 进样

将装有气体试样的球胆(使用球胆取样应在取样后立即对试样进行分析,以免试样发生变化,造成误差)经过滤管进入六通阀气样进口,六通阀旋钮旋到取样位置,这时气体试样进入定量管(可用1 mL定量管),然后将六通阀右旋60度,气样即随载气进入色谱柱,观察记录仪上出现的色谱峰。

3. 定性

用秒表记录下各组分的保留时间,然后用纯气一一对照。

4. 定量

在上述桥流、温度、载气流速等操作条件恒定的情况下,取未知试样和标准试样,分别进样1 mL,记录其色谱图。注意在各组分出峰前,应根据其大致的含量和记录仪的量程把衰减旋钮放在适当的位置。由得到的色谱图测量各组分的峰面积,同时做重复实验取其平均值。

5. 停机

仪器使用完毕,依次关闭记录仪、热导池电气单元、恒温控制器电源开关,待仪器冷却后再停载气。

实验结果

1. 采用峰高乘半峰宽的方法计算峰面积。

2. 各组分的校正系数 K_i 的求法:半水煤气标样,用化学分析法作全分析,测出其中各组分的体积百分含量($C_{i标}$)之后,除以相应的峰面积($A_{i标}$),求出各组分的 K_i 值。

$$K_i=\frac{C_{i标}}{A_{i标}}$$

3. 未知试样中出峰组分的体积百分含量按下式计算:

$$C_{i试}=K_i\times A_{i试}$$

式中 $C_{i试}$——试样中组分的百分含量,%;

K_i——校正系数;

$A_{i试}$——试样中各组分的峰面积。

H_2 的含量用差减法求出:

$$H_2\%=100\%-(CO_2\%+CO\%+N_2\%+CH_4\%)$$

注意事项

1. 如果利用双气路国产SP2302型或SP2305型成套仪器进行半水煤气分析,可在一柱中装GDX-104,另一柱中装13X分子筛,分别测定 CO_2 及其他组分,这种方法由于需要两次进样,误差较大。

2. 各种型号仪器的实际电路和调节旋钮名称不完全相同,具体操作步骤应参照仪器说明书。

3. 如果热导池电气单元输出信号线路上装有"反向开关",可将基线调至记录仪的一端,待 CO_2 出峰完毕后,改变输出信号方向,这样可以利用记录仪的全量程,提高测定精度。

思考题

1. 色谱法有哪些类型?气相色谱法有什么特点?

2. 气相色谱仪由哪些主要部件构成？各有什么作用？

3. 如何计算峰面积？

4. 在什么情况下可用归一化法进行计算？

实验二十三 大气中二氧化硫的测定

【预习指导】

1. 大气中二氧化硫的富集；

2. 测定吸收光谱时应取标准系列浓度的中间值进行测定，在最大吸收波长附近应多测几个点，以使吸收光谱更加精确；

3. 在测定标准曲线时，应在最大吸收波长处测定标准系列的吸光度。

实验目的

1. 掌握四氯汞钠溶液吸收-盐酸副玫瑰苯胺分光光度法的操作方法；

2. 掌握可见-紫外分光光度计的使用方法；

3. 掌握标准曲线、吸收光谱的绘制方法。

实验原理

二氧化硫被四氯汞钠溶液吸收，生成稳定的二亚硫酸汞酸盐。在一定酸度条件下，二亚硫酸汞酸盐与甲醛作用生成羟基亚甲基磺酸，羟基亚甲基磺酸再与盐酸副玫瑰苯胺作用生成紫红色醌型染料。反应如下式：

SO_2 的吸收：$[HgCl_4]^{2-}+2SO_2+2H_2O \xlongequal{} [Hg(SO_3)_2]^{2-}+4Cl^-+4H^+$

转化：$[Hg(SO_3)_2]^{2-}+2HCHO+4H^++2Cl^- \xlongequal{} HgCl_2+2HO-CH_2-SO_3H$

（羟基亚甲基磺酸）

副玫瑰苯胺碱在盐酸溶液中和盐酸作用，分子重排醌环消失，生成盐酸副玫瑰苯胺。

$$\left[(H_2N-C_6H_4)_2C=C_6H_4=NH_2\right]^+Cl^- + 3HCl \longrightarrow (Cl^-\,H_3^+N-C_6H_4)_2C(Cl)-C_6H_4-NH_3^+Cl^-$$

盐酸副玫瑰苯胺与羟基亚甲基磺酸作用，分子又一次重排，生成紫红色醌型染料。

$$(Cl^-\,H_3^+N-C_6H_4)_2C(Cl)-C_6H_4-NH_3^+Cl^- + 3HO-CH_2-SO_3H \longrightarrow$$

$$\left[(HO_3S-CH_2-HN-C_6H_4)_2C=C_6H_4=NH-CH_2-SO_3H\right]^+Cl^- + 3HCl + 3H_2O$$

各种因素对显色反应的影响：

(1)氮的氧化物具有氧化性，若浓度过大会产生干扰，可以在富集后加入氨基磺酸分解除去。

$$NH_2-SO_3H+HNO_2 \xlongequal{} H_2O+H_2SO_4+N_2\uparrow$$

(2)盐酸的浓度过大，显色不完全；过小，副玫瑰苯胺本身呈色。所以在制备盐酸副玫瑰苯胺溶液时，必须经过调节实验，严格控制盐酸用量。

(3)甲醛的浓度不够，则显色不完全。因此也必须严格掌握甲醛的用量。

(4)温度过高，二氧化硫可能损失；温度过低，则反应的灵敏度也降低。实验表明，若实验时间过长，则因二氧化硫挥发逸去而使试液逐渐褪色。

实验仪器

1.实验室常用实验仪器。

2.可见-紫外分光光度计。

3.大气采样器、吸收瓶。

实验试剂

1.四氯汞钠吸收液：取 27.2 g 的氯化汞、11.7 g 的氯化钠溶解于水并稀释为 1 L。

2.氨基磺酸铵溶液：1.2%，取 1.2 g 的氨基磺酸铵溶解为 100 mL。

3.二氧化硫标准溶液：取 0.5 g 亚硫酸氢钠溶解于 100 mL 四氯汞钠吸收液中，静置过夜，若浑浊，过滤，按下述操作标定浓度。

精确移取亚硫酸氢钠的四氯汞钠溶液 10.00 mL 于 250 mL 锥形瓶中，稀释至约 100 mL。精确加入 0.05 mol/L 碘标准溶液 20.00 mL，加 36%乙酸 15 mL，以 0.1 mol/L 硫代硫酸钠标准溶液滴定至淡黄色后，加 0.5%淀粉溶液 2 mL，继续滴定至蓝色刚好消失。同时做空白实验。按下式计算二氧化硫标准溶液的浓度：

$$SO_2(\text{mg/mL})=\frac{(V_0-V_1)\times c\times 32.03}{10}$$

式中 V_0——空白实验时消耗硫代硫酸钠标准溶液的体积，mL；

V_1——测定时消耗硫代硫酸钠标准溶液的体积，mL；

c——硫代硫酸钠标准溶液的浓度，mol/L；

32.03——$\frac{1}{2}SO_2$ 的摩尔质量，g/mol。

测定时，再用四氯汞钠吸收液将上述标准溶液精确稀释至二氧化硫浓度为 2 μg/mL。

4.盐酸副玫瑰苯胺溶液：称取 0.1 g 副玫瑰苯胺(或对品红)于小玻璃乳钵中，加水约 10 mL，充分研磨至溶解完全后，稀释为 100 mL，移取 10 mL 于 50 mL 容量瓶中，加盐酸 2 mL，稀释至刻度，混合均匀。按下述操作实验确定使用时应补加的盐酸量。

精确移取四氯汞钠吸收液 10.00 mL 于 25 mL 比色管(管 1)中，再精确移取四氯汞钠吸收液 9.80 mL、二氧化硫标准溶液 0.20 mL 于另一支 25 mL 比色管(管 2)中，向两支比色管中分别精确加入 1.2%氨基磺酸铵溶液 0.50 mL、0.2%甲醛溶液0.50 mL、盐酸副玫瑰苯胺溶液 0.50 mL，搅拌混合均匀。若管 1 不显色，管 2 呈明显紫红色，表明酸恰当，可以直接使用；但是，若管 1 呈紫红色，表明盐酸不足，应按上述方法另取溶液，加入甲醛后，各加 1 mol/L 盐酸 2～3 滴，再加入盐酸副玫瑰苯胺溶液。观察两管的颜色，如此逐渐增加盐酸量，直至管 1 几乎无色，而管 2 仍呈明显的紫红色为止，根据加入的盐酸量，计算制备盐酸副玫瑰苯胺溶液时应补加的盐酸量。

5.甲醛溶液：0.2%，取 40%甲醛溶液 5 mL 于 250 mL 碘量瓶中，精确加入

0.05 mol/L碘标准溶液 40.00 mL,迅速加入 30%氢氧化钠溶液至溶液变为淡黄色为止。静置 10 min 后,加1∶1盐酸 5 mL,置于阴暗处,放置 10 min 后稀释至约 100 mL。以 0.1 mol/L 硫代硫酸钠标准溶液滴定至溶液呈淡黄色后,加 0.5%淀粉溶液 2 mL,继续滴定至蓝色刚好消失。同时做空白实验(空白滴定时,加1∶1盐酸 7 mL)。按下式计算甲醛溶液浓度:

$$甲醛\%=\frac{(V_0-V_1)\times c\times 30\times 10^{-5}}{5}\times 100\%$$

式中 V_0——空白实验时消耗硫代硫酸钠标准溶液的体积, mL;

V_1——测定时消耗硫代硫酸钠标准溶液的体积, mL;

c——硫代硫酸钠标准溶液的浓度, mol/L;

30——甲醛的摩尔质量,g/mol。

测定时,再将上述标准溶液精确稀释至甲醛浓度为 0.2%。

实验步骤

向两个采样瓶中各装入四氯汞钠吸收液 10 mL,然后以每分钟 0.5 L 的流量抽取 5~20 L 大气样品(视大气中二氧化硫的含量而定),同时记录大气压力及温度。转移采样瓶内的溶液于 25 mL 容量瓶中,以少量吸收液洗涤采样瓶 2~3 次,洗涤液并入容量瓶中,用吸收液稀释至刻度。

精确移取二氧化硫标准溶液 1.00~2.00 mL 于另一支 25 mL 容量瓶中,以四氯汞钠吸收液稀释至刻度。取四氯汞钠吸收液于第三支 25 mL 容量瓶中至刻度。

向三支容量瓶中分别各精确加入 1.2%氨基磺酸铵溶液 0.5 mL、0.2%甲醛溶液 0.5 mL、盐酸副玫瑰苯胺溶液 0.5 mL,混合均匀,在 20~25 ℃下静置 30 min 后,以四氯汞钠吸收液为参比,在波长 560 nm 处测吸光度,计算大气中二氧化硫的含量。

实验结果

$$SO_2(mg/m^3)=\frac{760\times(273+t)\times(A_0-A)\times 0.002\times V_1}{(A_{标}-A)\times 273Vp}\times 1\,000$$

式中 A_0——样品的吸光度;

A——空白溶液的吸光度;

$A_{标}$——标准溶液的吸光度;

V_1——移取标准溶液的体积, mL;

V——样品体积,L;

p——采样时的大气压力,mmHg;

t——采样时的大气温度,℃。

注意事项

1. 氮氧化物、臭氧、重金属有干扰。加入氨基磺酸铵可消除氮氧化物的干扰。

$$2HNO_2+NH_2SO_2ONH_4 = H_2SO_4+3H_2O+2N_2\uparrow$$

臭氧在采样后放置 20 min 即可自行分解而消失。对于重金属离子的干扰,可在配制吸收剂时加入 EDTA 作掩蔽剂以消除干扰,此外用磷酸代替盐酸配制副玫瑰苯胺溶液也有利于掩蔽重金属离子的干扰。

2. 温度对显色反应和颜色的稳定时间影响较大，最好控制显色反应的温度为25～30 ℃，在30 min后测定，在60 min内完成测定。

3. 甲醛用量应严格控制，当甲醛浓度过高时，能使空白试液溶液显色。

4. 采样时二氧化硫与四氯汞钠能生成稳定配合物，可避免二氧化硫在吸收液中被氧化，比用氢氧化钠溶液加甘油的吸收液效果要好。同时二氧化硫被吸入四氯汞钠后，显色线性较好，但汞有毒并严重污染环境，可改用三乙醇胺-叠氮化钠溶液吸收。二氧化硫与三乙醇胺形成稳定的配合物，在叠氮化钠的保护下，在吸收液中不被氧化，用此法进行测定时，其灵敏度和重现性都与上述方法一致，但三乙醇胺的质量对吸收二氧化硫的效率影响很大，必要时需进行提纯。

5. 三乙醇胺-叠氮化钠吸收液的配制。称取14.3 g 85%的三乙醇胺，加1 mg叠氮化钠溶于蒸馏水中并稀释至100 mL，与二氧化硫反应如下：

$$N(CH_2CH_2OH)_3 + SO_2 = \left[\begin{array}{l} HOH_2CH_2C \\ OH_2CH_2C—N{=}S(O)(O) \\ OH_2CH_2C \end{array} \right]^{2-} + 2H^+$$

思考题

1. 本实验所用的参比液是什么？

2. 测定吸收光度在30～60 min内完成是如何确定的？

3. 为什么标准曲线的绘制与样品的测定同时进行？

第8章

化学肥料分析

氮肥中氮元素以氨态氮、硝态氮、酰胺态氮存在，可根据肥料中氮的形态采用滴定分析法、蒸馏后滴定法和还原后蒸馏滴定法等测定氮含量；磷肥中水溶性磷、有效磷的含量主要采用磷钼酸喹啉重量法、磷钼酸喹啉容量法及分光光度法进行测定；钾肥中的钾含量可采用四苯硼酸钾重量法、四苯硼酸钾容量法和火焰光度法进行测定。本章主要介绍工业生产中常见化学肥料如氮肥、磷肥、钾肥、复混肥料的分析项目和分析方法。

实验二十四　农用碳酸氢铵中氨态氮含量的测定

【预习指导】

1. 碳酸氢铵是弱酸弱碱盐，可与酸、碱反应。如果严格比较氢氧化铵（$K=1.79\times10^{-6}$）和碳酸（$K_1=4.31\times10^{-7}$，$K_2=5.61\times10^{-11}$）的强度，可见碳酸氢铵实际上是弱酸强碱盐。

2. 碳酸氢铵的水溶液呈碱性，pH≈8.2，可与强酸作用。

实验目的

1. 掌握酸量法测定碳酸氢铵中氨态氮的方法及原理；

2. 掌握氢氧化钠标准溶液的配制与标定；

3. 熟悉酸碱滴定操作。

实验原理

碳酸氢铵先与过量硫酸标准溶液作用，然后在指示剂存在下，用氢氧化钠标准溶液返滴定剩余的硫酸。

$$2NH_4HCO_3+H_2SO_4 = (NH_4)_2SO_4+2CO_2\uparrow+2H_2O$$

$$H_2SO_4(\text{剩余})+2NaOH = Na_2SO_4+2H_2O$$

实验仪器

实验室常用仪器。

实验试剂

1. 硫酸标准溶液：$c(\frac{1}{2}H_2SO_4)=1\ mol/L$。

2. 氢氧化钠标准溶液：$c(NaOH)=1\ mol/L$。

3. 甲基红-亚甲基蓝混合指示液。

4. 农用碳酸氢铵。

实验步骤

1. 测定

在已知质量的干燥的带盖称量瓶中，迅速准确称取约 2 g 试样，精确至 0.001 g，然后立即用水将试样洗入已盛有 40.00～50.00 mL 硫酸标准溶液的 250 mL 锥形瓶中，摇匀，使试样完全溶解，加热煮沸 3～5 min，以驱除二氧化碳。冷却后，加 2～3 滴混合指示液，用氢氧化钠标准溶液滴定至溶液呈现灰绿色即为终点。平行测定 2～3 次。

2. 空白实验

除不加试样外，按上述步骤进行空白实验。

实验结果

氮含量 $w(\mathrm{N})$以质量分数(%)表示，按下式计算：

$$w(\mathrm{N})=\frac{c(V_1-V_2)\times 14.01}{m\times 1000}\times 100=\frac{c(V_1-V_2)}{m}\times 1.401$$

式中 c——氢氧化钠标准滴定溶液的浓度，mol/L；

V_1——空白实验时消耗氢氧化钠标准溶液的体积，mL；

V_2——测定时消耗氢氧化钠标准溶液的体积，mL；

m——样品的质量，g；

14.01——氮的摩尔质量，g/mol。

取平行测定结果的算术平均值为测定结果，所得结果表示至两位数。

注意事项

1. 平行测定结果绝对差值不大于 0.10%。

2. 农业用碳酸氢铵的技术指标应符合表 8-1 的要求。

表 8-1　　农业用碳酸氢铵的技术指标

项目	碳酸氢铵			干碳酸氢铵
	优等品	一等品	合格品	
氮(N)/%　≥	17.2	17.1	16.8	17.5
水分(H_2O)/%　≤	3.0	3.5	5.0	0.5

注：优等品和一等品必须含添加剂。

3. NaOH 溶液的标定

常用基准物质邻苯二甲酸氢钾或草酸来标定 NaOH 溶液的浓度。邻苯二甲酸氢钾($KHC_8H_4O_4$，缩写为 KHP)易制得纯品，在空气中不吸水，易保存，摩尔质量大，与 NaOH 反应的计量比为 1∶1。在 100～125 ℃下干燥 1～2 h 后使用。滴定反应为

$$C_6H_4(COOH)(COOK)+NaOH \longrightarrow C_6H_4(COONa)(COOK)+H_2O$$

化学计量点时，溶液呈弱碱性(pH≈9.20)，可选用酚酞作指示剂。

思考题

1. 为何要迅速称取试样？

2. 为何要加热煮沸 3～5 min 以驱除二氧化碳?

实验二十五　尿素中总氮含量的测定

【预习指导】

1. 蒸馏装置的安装和操作;
2. 硫酸、氢氧化钠标准溶液的配制与标定。

实验目的

1. 掌握蒸馏后滴定法测定尿素中总氮含量的方法及原理;
2. 掌握蒸馏装置的正确安装及实验操作。

实验原理

在硫酸铜的催化作用下,试样与浓硫酸加热,使酰胺态氮转化为氨态氮,加入过量碱液蒸馏出氨,并用过量的硫酸标准溶液吸收生成的氨,在指示液存在下,用氢氧化钠标准溶液滴定剩余的酸。

转化　$CO(NH_2)_2+H_2SO_4(浓)+H_2O \xlongequal{} (NH_4)_2SO_4+CO_2\uparrow$

蒸馏　$(NH_4)_2SO_4+2NaOH \xlongequal{} Na_2SO_4+2NH_3\uparrow+2H_2O$

吸收　$2NH_3+H_2SO_4 \xlongequal{} (NH_4)_2SO_4$

滴定　$2NaOH+H_2SO_4(剩余) \xlongequal{} Na_2SO_4+2H_2O$

实验仪器

1. 实验室常用仪器。
2. 梨形玻璃漏斗。
3. 蒸馏仪器:带标准磨口的成套仪器或能保证定量蒸馏和吸收的任何仪器。蒸馏仪器的各部件用橡皮塞和橡皮管连接,或是采用球形磨砂玻璃接头,为保证系统密封,球形玻璃接头应用弹簧夹子夹紧。仪器如图 8-1 所示,包括以下几部分:

(1)蒸馏瓶,容积为 1 L 的圆底烧瓶。

(2)单球防溅球管和顶端开口、容积约 50 mL、与防溅球管进出口平行的圆筒形滴液漏斗。

(3)直形冷凝管,有效长度约 400 mm。

(4)接收器,容积 500 mL 的锥形瓶,瓶侧连接双连球。

4. 防溅棒:一根长约 100 mm,直径约 5 mm 的玻璃棒,一端套一根长约 25 mm 聚乙烯管。

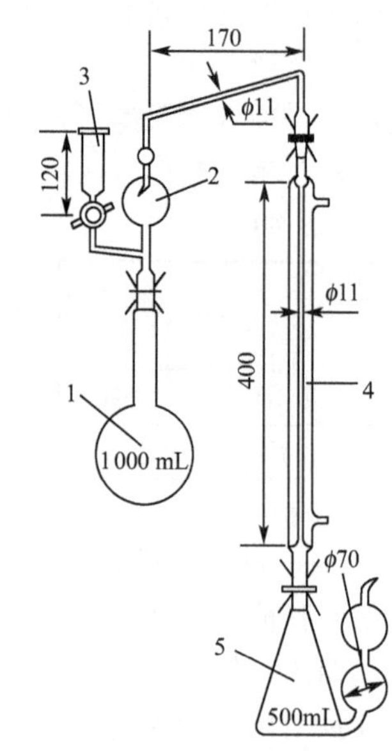

图 8-1　蒸馏装置

1—蒸馏瓶;2—防溅球管;3—滴液漏斗;4—直形冷凝管;5—带双连球锥形瓶

实验试剂

1. 五水硫酸铜($CuSO_4 \cdot 5H_2O$):分析纯。
2. 硫酸:分析纯。

3. 氢氧化钠溶液：450 g/L，称量 45 g 氢氧化钠溶于水中，稀释至 100 mL。

4. 硫酸标准溶液：$c(1/2\ H_2SO_4)=0.5$ mol/L。

5. 氢氧化钠标准溶液：$c(NaOH)=0.5$ mol/L。

6. 乙醇：95%。

7. 甲基红-亚甲基蓝混合指示液：甲基红-亚甲基蓝乙醇溶液，在约 50 mL 95%乙醇中，加入 0.10 g 甲基红、0.05 g 亚甲基蓝，溶解后，用相同规格的乙醇稀释到 100 mL，混匀。

8. 硅脂。

9. 尿素。

实验步骤

做两份试样的平行测定。

1. 试液制备

称取约 0.5 g 试样（精确至 0.000 2 g）于蒸馏瓶中，加少量水冲洗蒸馏瓶瓶口内侧，以使试样全部进入蒸馏瓶底部，再加 15 mL 硫酸、0.2 g 五水硫酸铜，插上梨形玻璃漏斗，在通风橱内缓慢加热，使二氧化碳逸尽，然后逐步提高加热温度，直至冒白烟，再继续加热 20 min 后停止加热。

注：若为大颗粒尿素则应研细后称量，其方法是称取 100 g 缩分后的试样，迅速研磨至全部通过 0.5 mm 孔径筛，混合均匀。

2. 蒸馏

待蒸馏瓶中试液充分冷却后，小心加入 300 mL 水、几滴混合指示液，放入一根防溅棒（聚乙烯管端向下）。用滴定管或移液管移取 0.5 mol/L 硫酸标准溶液 40.00 mL 于接收器中，加水使溶液能淹没接收器的双连球瓶颈，加 4～5 滴混合指示液。

用硅脂涂抹仪器接口，按图 8-1 所示装好蒸馏仪器，并保证仪器所有连接部分密封。通过滴液漏斗向蒸馏瓶中加入足够量的氢氧化钠溶液，以中和溶液并过量 25 mL。加水冲洗滴液漏斗，应当注意，滴液漏斗内至少存留几毫升溶液。

加热蒸馏，直到接收器中的收集量达到 200 mL 时，移开接收器，用 pH 试纸检查冷凝管出口的液滴，如无碱性结束蒸馏。

4. 滴定

将接收器中的溶液混匀，用氢氧化钠标准溶液返滴定过量的酸，直至指示液呈灰绿色。滴定时要仔细搅拌，以保证溶液混匀。

5. 空白实验

按上述操作步骤进行空白实验，除不加试样外，操作步骤和应用的试剂与测定时相同。

实验结果

试样中总氮含量以氮含量计，用质量分数表示，按下式计算：

$$w(N)=\frac{c(V_2-V_1)\times 0.014\ 01}{m\times\frac{100-w(H_2O)}{100}}\times 100$$

式中 V_2——测定时消耗氢氧化钠标准溶液的体积,mL;

V_1——空白实验时消耗氢氧化钠标准溶液的体积,mL;

m——试样的质量,g;

c——氢氧化钠标准溶液的浓度,mol/L;

0.014 01——与1.00 mL氢氧化钠标准溶液[c(NaOH)=1.000 mol/L]相当的氮的质量;

$w(H_2O)$——试样中水的质量分数,%。

计算结果表示到小数点后两位,取平行测定结果的算术平均值作为测定结果。

注意事项

1.平行测定结果的绝对差值不大于0.10%;不同实验室测定结果的绝对差值不大于0.15%。

2.农用尿素的技术指标应符合表8-2的要求。

表8-2　　农用尿素的技术指标

项目		尿素		
		优等品	一等品	合格品
总氮(N)/%	≥	46.4	46.2	46.0
水分(H_2O)/%	≤	0.4	0.5	1.0

思考题

1.制备试液时,加入硫酸铜的作用是什么?

2.如何检查蒸馏装置的气密性?

3.如何判断试样已消化完全?

实验二十六　磷肥中有效磷的测定

【预习指导】

1.喹钼柠酮试剂的配制;

2.恒温干燥箱和分析天平的正确使用;

3.沉淀完全的判断及沉淀的过滤、洗涤和干燥操作技术。

实验目的

1.掌握磷钼酸喹啉重量法测定磷含量的原理及方法;

2.掌握水溶性磷和有效磷的正确提取方法;

3.熟悉沉淀的过滤、洗涤、干燥及称量操作和仪器正确使用。

实验原理

用水和乙二胺四乙酸二钠(EDTA)溶液提取磷肥中的水溶性磷和有效磷,提取液(若有必要,先进行水解)中正磷酸根离子在酸性介质中与喹钼柠酮试剂生成黄色磷钼酸喹啉沉淀,用磷钼酸喹啉重量法测定磷的含量。

$$H_3PO_4 + 12MoO_4^{2-} + 24H^+ + 3C_9H_7N = \underset{\text{磷钼酸喹啉(黄色)}}{(C_9H_7N)_3H_3(PO_4 \cdot 12MoO_3) \cdot H_2O} \downarrow + 11H_2O$$

实验仪器

1. 实验室常用仪器。

2. 恒温干燥箱：能维持温度(180±2)℃。

3. 玻璃坩埚式滤器：4 号，容积 30mL。

4. 恒温水浴振荡器：能控制温度(60±1)℃的往复式振荡器或回旋式振荡器。

实验试剂

1. 乙二胺四乙酸二钠溶液：0.1 mol/L，称取 37.5 g EDTA 于 1 000 mL 烧杯中，加少量水溶解，用水稀释至 1 000 mL，混匀。

2. 喹钼柠酮试剂：称取 70 g 钼酸钠溶解在 100 mL 水中制成溶液Ⅰ；再将 60 g 柠檬酸溶解于 85 mL 硝酸和 100 mL 水的混合液中，冷却制成溶液Ⅱ；在不断搅拌下，缓慢地将溶液Ⅰ加到溶液Ⅱ中形成溶液Ⅲ；另取 5 mL 喹啉溶解在 35 mL 硝酸和 100 mL 水的混合液中制成溶液Ⅳ；将溶液Ⅳ缓慢加到溶液Ⅲ中，混合后放置 24 h，过滤，滤液中加入 280 mL 丙酮，用水稀释至 1 000 mL，混匀，贮于聚乙烯瓶中，放于暗处，避光避热保存。

3. 硝酸溶液：1+1。

4. 农用磷酸一铵或硝酸磷肥。

实验步骤

1. 试样制备

称取约 100 g 实验室样品，迅速研磨至全部通过 1.00 mm 孔径的试验筛后混匀，置于洁净、干燥的瓶中备用。

2. 水溶性磷的提取

称取约 1 g 试样(精确至 0.000 2 g)，置于 75 mL 的瓷蒸发皿中，加少量水润湿，研磨，再加约 25 mL 水研磨，将清液倾注滤于预先加入 5 mL 硝酸溶液的 500 mL 量瓶中。继续用水研磨三次，每次用水约 25 mL，然后将水不溶物转移到中速定性滤纸上，并用水洗涤水不溶物，待量瓶中溶液达 400 mL 左右为止。最后用水稀释到刻度，混匀，即得试液 A，供测定水溶性磷用。

用水作抽取剂时，水的用量与温度、抽取的时间与次数都将影响水溶性磷的抽取效果，因此，抽取过程中的操作要严格按规定进行。

3. 有效磷的提取

另外称取约 1 g 试样(精确至 0.000 2 g)，置于 250 mL 量瓶中，加入 150 mL EDTA 溶液，塞紧瓶塞，摇动量瓶使试样分散于溶液中，置于(60±1)℃的恒温水浴振荡器中，保温振荡 1 h(振荡频率以量瓶内试样能自由翻动即可)。然后取出量瓶，冷却至室温，用水稀释至刻度，混匀。干过滤，弃去最初部分滤液，即得试液 B，供测定有效磷用。

4. 磷的测定

水溶性磷的测定：用移液管吸取 25 mL 试液 A，移入 500 mL 烧杯中，加入 10 mL 硝酸溶液，用水稀释至 100 mL。在电炉上加热至沸，取下，加入 35 mL 喹钼柠酮试剂，盖上表面皿，在电热板上微沸 1 min 或置于近沸水浴中保温至沉淀分层，取出烧杯，冷却至室温。冷却过程中转动烧杯 3～4 次。

用预先在(180±2)℃干燥箱内干燥至恒重的玻璃坩埚式滤器过滤，先将上层清液滤完，然后用倾泻法洗涤沉淀 1～2 次，每次用 25 mL 水，将沉淀移入滤器中，再用水洗涤，所用水共 125～150 mL，将沉淀连同滤器置于(180±2)℃干燥箱中，待温度达到 180 ℃后，干燥 45 min，取出移入干燥器中冷却至室温，称量。同时进行空白实验。

有效磷的测定：用移液管吸取 25 mL 试液 B，移入 500 mL 烧杯中，以下操作按水溶性磷的测定进行。同时进行空白实验。

实验结果

水溶性磷的含量(w_1)以五氧化二磷(P_2O_5)的质量分数%表示，按下式计算：

$$w_1=\frac{(m_1-m_2)\times 0.032\ 07}{m_3\times(25/250)}\times 100=\frac{(m_1-m_2)\times 32.07}{m_3}$$

有效磷的含量(w_2)以五氧化二磷(P_2O_5)的质量分数%表示，按下式计算：

$$w_2=\frac{(m_4-m_5)\times 0.032\ 07}{m_6\times(25/250)}\times 100=\frac{(m_4-m_5)\times 32.07}{m_6}$$

式中 m_1——测定水溶性磷所得磷钼酸喹啉沉淀的质量，g；

m_2——测定水溶性磷时，空白实验所得磷钼酸喹啉沉淀的质量，g；

m_3——测定水溶性磷时，试样的质量，g；

0.032 07——磷钼酸喹啉质量换算为五氧化二磷质量的系数；

25——吸取试样溶液的体积，mL；

250——试样溶液的总体积，mL；

m_4——测定有效磷所得磷钼酸喹啉沉淀的质量，g；

m_5——测定有效磷时，空白实验所得磷钼酸喹啉沉淀的质量，g；

m_6——测定有效磷时，试样的质量，g。

取平行测定结果的算术平均值为测定结果。

平行测定结果的绝对差值不大于 0.30%。

注意事项

1. 水溶性磷化合物是指可以溶解于水的含磷化合物，如磷酸、磷酸二氢钙。

2. 本法测定有效磷结果的准确度主要取决于沉淀的完全程度和纯净程度。反应生成黄色磷钼酸喹啉大分子难溶盐沉淀，该沉淀在硝酸酸性介质中生成，硝酸的氧化性使磷和沉淀剂中的钼均以高价态存在，但沉淀在过量的碱液中能溶解，且消耗定量的碱液。

3. 酸度大对磷钼酸喹啉沉淀生成有利，但酸度过高时，沉淀的物理性能较差，且不易溶解在碱液中，应控制沉淀体系的酸度。

4. 磷肥以自然矿物为原料生产，它的组成复杂，杂质较多，常给测定带来干扰。硅在测定条件下能与沉淀剂生成沉淀，给测定带来误差，测定前应分离出硅。分析试液中常含有一定量的铵盐，在测定磷的条件下，铵盐使磷的沉淀形式不一，使测定结果偏低，可用丙酮消除其干扰。

5. 当用水洗涤沉淀至近中性时，钼酸盐可能会水解析出白色沉淀，使滤液浑浊，此现象不影响测定。

思考题

1. 试样应如何处理？

2. 如何进行有效磷的提取？

实验二十七 钾肥中钾含量的测定

【预习指导】

1. 四苯硼酸钠溶液的配制；

2. 四苯硼酸钾沉淀的生成、洗涤、过滤和干燥。

实验目的

1. 掌握四苯硼酸钾重量法测定钾肥中钾含量的方法及原理；

2. 熟练沉淀的洗涤、烘干操作。

实验原理

在碱性条件下加热消除试样溶液中铵离子的干扰，加入乙二胺四乙酸二钠（EDTA）螯合其他微量阳离子，以消除干扰分析结果的阳离子。在微碱性介质中，四苯硼酸钠与钾反应生成四苯硼酸钾沉淀，过滤、干燥沉淀并称量。

$$K^+ + NaB(C_6H_5)_4 = KB(C_6H_5)_4 \downarrow (白色) + Na^+$$

实验仪器

1. 常规实验室仪器。

2. 玻璃坩埚式滤器：4 号，30 mL。

3. 干燥箱：能维持温度(120±5) ℃。

实验试剂

1. 盐酸：密度 1.19 g/cm^3。

2. 乙二胺四乙酸二钠（EDTA）溶液：40 g/L，取 4 g EDTA 溶解于 100 mL 水中。

3. 氢氧化钠溶液：200 g/L，取 20 g 不含钾的氢氧化钠溶解于 100 mL 水中。

4. 氧化镁溶液：100 g/L。

5. 四苯硼酸钠[$NaB(C_6H_5)_4$]溶液：15 g/L，溶解 7.5 g 四苯硼酸钠于 400 mL 水中，加 2 mL 氢氧化钠溶液和 5 mL 氧化镁溶液，搅拌 15 min，用中速滤纸过滤，滤液贮存于塑料瓶内。该试剂可使用一周，如有浑浊使用前应过滤。

6. 四苯硼酸钠洗涤液：1.5 g/L。

7. 酚酞指示液：5 g/L 乙醇溶液，溶解 0.5 g 酚酞于 100 mL 的乙醇中。

实验步骤

1. 试液的制备

(1)复合肥等：称取试样 2～5 g（准确至 0.000 2 g）置于 250 mL 锥形瓶中，加入 150 mL 水，插上梨形漏斗，加 10 mL 盐酸加热煮沸 15 min。冷却，移入 500 mL 容量瓶中，加水至标线，混匀后，干滤（若测定复合肥中水溶性钾，操作时不加盐酸，加热煮沸时间改为 30 min），弃去最初少量滤液，滤液供测定氧化钾含量。

(2)氯化钾、硫酸钾和硝酸钾等：称取试样 2 g（准确至 0.000 2 g），其他操作同复合肥。

2. 测定

准确吸取复合肥等滤液 25 mL 或氯化钾、硫酸钾和硝酸钾等滤液 20 mL 于 200 mL

烧杯中,加水稀释至约 50 mL,加 10 mL EDTA 溶液和 5 滴酚酞指示剂,在搅拌下逐滴加入氢氧化钠溶液至红色出现并过量 1 mL,加热微沸 15 min(此时溶液应保持红色)。在不断搅拌下逐滴加入四苯硼酸钠溶液,加入量为每 1 mg 氧化钾加四苯硼酸钠溶液 0.5 mL,并过量 4 mL,继续搅拌 1 min,然后在流水中迅速冷却至室温并放置 15 min。

用 4 号玻璃坩埚式滤器先过滤上层清液,再以四苯硼酸钠洗涤液用倾泻法反复洗涤沉淀 5～7 次,每次用量约 5 mL,最后用水洗涤烧杯 2 次,每次用量约 5 mL。

将盛有沉淀的坩埚置于(120±5)℃干燥箱中,干燥 1.5 h,然后移入干燥器内冷却,称重。

3. 空白实验

除不加试样外,按同样操作步骤,同样试剂、溶液和用量进行操作。

实验结果

氧化钾(K_2O)的含量 w_1 以质量分数%表示,按下式计算:

$$w_1=\frac{(m_1-m_2)\times 0.1314}{m\times\frac{V}{500}}\times 100$$

式中 m_1——四苯硼酸钾沉淀的质量,g;

m_2——空白实验所得四苯硼酸钾沉淀的质量,g;

m——试样的质量,g;

0.131 4——四苯硼酸钾质量换算为氧化钾质量的系数;

V——吸取试样溶液的体积,mL;

500——试样溶液的总体积,mL。

取平行测定结果的算术平均值为测定结果。平行测定结果的绝对差值不大于 0.39%。

注意事项

1. 配制过程中在溶解的四苯硼酸钠中加入六水氧化镁和氢氧化钠一起搅拌 15 min,所配出四苯硼酸钠溶液澄清效果好。首先 $Mg(OH)_2$ 絮状沉淀有效地吸附溶液中的杂质,其次加入 NaOH 还可以防止四苯硼酸钠分解,一般溶液的酸性越大、温度越高,四苯硼酸钠的分解速度越快。加入 NaOH 后,在此浓度的碱性溶液中就可以有较长时间的稳定。另外配制好的四苯硼酸钠溶液还应放在塑料瓶内保存。

2. 在实际检测过程中,应注意试样溶液的采样量,采样量过少代表性较差,采样量过大不仅会使测定结果偏高,还会增加四苯硼酸钠沉淀剂的加入量,从而增加引入误差的几率。实践证明,肥料中氧化钾含量不同,在制备试样溶液的采样量上也应有所不同,应使称取的试样含氧化钾约 400 mg。

3. 在试样溶液中加入适量乙二胺四乙酸二钠盐(EDTA),是为了使阳离子与 EDTA 络合,以达到防止阳离子干扰的目的。

4. 要保证在碱性条件下加入沉淀剂,在此条件下生成的四苯硼酸钾沉淀性质较稳定,但氢氧化钠加入量不要过多,否则会使 Al^{3+} 和 Fe^{3+} 等离子产生沉淀,影响测定结果。沉淀的静置时间要大于 15 min，以利于四苯硼酸钾晶体的形成。

5. 严格控制沉淀干燥温度。首先要注意所用干燥箱温度的准确性，其次四苯硼酸钾沉淀干燥温度以(120±5) ℃最佳，若高于 130 ℃沉淀会逐渐分解，使测定结果偏低。

6. 由于四苯硼酸钾沉淀在水中有一定溶解度，所以要先用 1∶10 的四苯硼酸钠洗涤液洗涤沉淀，最后再用水洗涤。要严格按规定用量和次数洗涤沉淀，洗涤终点确认要准确，否则会引起偏差。如果在干燥后的坩埚上仍清晰可见粉红色物质，说明洗涤次数不够、不彻底，存在未洗尽的氢氧化钠与酚酞产生的物质残留，所得的沉淀质量偏大，以致测定结果的钾含量偏高。经洗涤、干燥后的坩埚上物质颜色为白色或无色(四苯硼酸钾颜色)，说明洗涤较彻底。

7. 质量要求见表 8-3。

表 8-3　　质量要求

项目	氧化钾含量/%		
	优等品	一等品	合格品
农用氯化钾	60.0	57.0	54.0
农用硝酸钾	46.0	44.5	44.0
农用硫酸钾	50.0	50.0	45.0

思考题

1. 重量法操作中应注意些什么?

2. 为什么要用洗涤液洗涤四苯硼酸钾沉淀?

第 9 章

农药分析

农药分析介绍了农药的定义、分类及农药标准，农药试样的采样工具、采样方法；此外，对杀虫剂、杀菌剂、除草剂和植物生长调节剂的定义、分类也做了介绍，并对气相色谱、液相色谱及薄层-紫外分光光度法和碘量法等分析方法、分析原理、结果计算进行讨论。本章主要介绍了几种常用农药的分析方法。

实验二十八　绿麦隆的测定

【预习指导】

1. 绿麦隆的测定原理；
2. 液相色谱仪和薄层-紫外分光光度计的使用方法；
3. 标样溶液和试样溶液的制备过程及测定方法。

一、液相色谱法(仲裁法)

实验目的

1. 掌握绿麦隆的测定原理和操作方法；
2. 掌握液相色谱仪的使用方法。

实验原理

试样用甲醇溶解，过滤，以甲醇＋水＋冰乙酸为流动相，C_{18}为填充物的色谱柱和紫外检测器，用反相液相色谱法对试样中的绿麦隆进行分离和测定。

实验仪器

1. 高效液相色谱仪：具有可变波长紫外检测器 UV-243 nm。
2. 色谱数据处理机。
3. 色谱柱：250 mm×4.6 mm(id)不锈钢柱，内填 Bondapak^{MT} C_{18}(10 μm)。
4. 过滤器：滤膜孔径约 0.45 μm。
5. 定量进样阀：20 μL。

实验试剂

1. 甲醇：HPLC 级。
2. 二次蒸馏水。
3. 冰乙酸。

4. 绿麦隆标样：已知质量分数≥98%。

实验步骤

1. 标样溶液的制备

称取绿麦隆标样 100 mg(精确至 0.2 mg)，置于 100 mL 容量瓶中，用甲醇溶解并稀释至刻度，摇匀。

2. 试样溶液的制备

称取绿麦隆试样 100 mg(精确至 0.2 mg)，置于 100 mL 容量瓶中，加入甲醇溶解并稀释至刻度，摇匀，过滤。

3. 测定

在上述操作条件下，待仪器基线稳定后，连续注入数针标样溶液，直至相邻两针绿麦隆的相对响应值变化小于 1.0%后，按照标样溶液—试样溶液—试样溶液—标样溶液的顺序进行测定。

实验结果

将测得的两针试样溶液以及试样前后两针标样溶液中绿麦隆的峰面积分别进行平均。绿麦隆的质量分数 w(%)按下式计算：

$$w=\frac{r_2\times m_1\times w_1}{r_1\times m_2}$$

式中 r_1——标样溶液中绿麦隆峰面积的平均值；

r_2——试样溶液中绿麦隆峰面积的平均值；

m_1——标样的质量，g；

m_2——试样的质量，g；

w_1——标样中绿麦隆的质量分数，%。

二、薄层-紫外分光光度法

实验目的

1. 掌握绿麦隆的测定原理和操作方法；
2. 了解紫外分光光度计的使用方法。

实验原理

试样经薄层分离后，取绿麦隆谱带的硅胶层，经溶剂洗脱，用紫外分光光度计进行测定。

实验仪器

紫外分光光度计：备有 1 cm 石英比色皿，紫外波长 254 nm。

实验试剂

1. 95%乙醇。
2. 乙酸乙酯。
3. 三氯甲烷。
4. 绿麦隆标样：已知质量分数≥98%。
5. 展开剂：三氯甲烷＋乙酸乙酯＝80＋20(φ)。
6. 硅胶 GF_{254}：层析用。

实验步骤

1. 薄层板的制备

称取 7.5 g 硅胶 GF_{254}，置于玻璃研钵中，加入蒸馏水 19 mL，研磨至均匀糊状，立即倒在一个预先洗净、干燥的 10 cm×20 cm 的玻璃板上，轻轻振动使硅胶在板上分布均匀且无气泡。置于水平处自然风干后移至烘箱中，在 120～150 ℃下活化 1 h，取出，放入干燥器中备用。

2. 标样溶液的制备

称取绿麦隆标样 50 mg(精确至 0.2 mg)，置于 50 mL 容量瓶中，用三氯甲烷溶解并定容。准确移取 10 mL 此溶液于另一个 25 mL 容量瓶中，用三氯甲烷溶解并定容。

3. 试样溶液的制备

称取绿麦隆试样 50 mg(精确至 0.2 mg)，置于 50 mL 容量瓶中，用三氯甲烷溶解并定容。准确移取 10 mL 此溶液于另一个 25 mL 容量瓶中，用三氯甲烷溶解并定容。

4. 层析

分别准确吸取 0.3 mL 上述标样溶液和试样溶液，在已活化好的层析板上，距底边 2 cm，距两侧各 1.5 cm 处将标样溶液和试样溶液点成一直线，让溶剂挥发，置于在室温下充满展开剂饱和蒸气的展开缸中，层析板浸入溶剂的深度为 1 cm 左右。当展开剂的前沿上升至距点样线约 14 cm 时，取出层析板，待展开剂挥发后，于紫外灯下显色。将板上 $R_f=0.4$ 的谱带完全转移到玻璃漏斗中(漏斗内铺两层定性滤纸)，用 95%乙醇 20 mL 分多次(5～6 次)洗脱到 25 mL 容量瓶中，然后用乙醇稀释至刻度，摇匀。

5. 测定

以 95%乙醇为参比，在波长 254 nm 处分别测定标样溶液和试样溶液的吸光度。

实验结果

绿麦隆的质量分数 w(%)按下式计算：

$$w=\frac{r_2\times m_1\times w_1}{r_1\times m_2}$$

式中 r_1——标样溶液中绿麦隆的吸光度；

r_2——试样溶液中绿麦隆的吸光度；

m_1——标样的质量，g；

m_2——试样的质量，g；

w_1——标样中绿麦隆的质量分数，%。

注意事项

本方法适用于绿麦隆原药及其单制剂的分析。对不同的复配制剂，可视具体情况适当改变条件来达到较好分离。

思考题

1. 试述紫外分光光度计的测定原理。

2. 根据计算结果，比较此两种测定方法的优劣。

实验二十九　多效唑的测定

【预习指导】

1. 多效唑的测定原理；
2. 高效液相色谱仪和气相色谱仪的使用方法；
3. 标样溶液和试样溶液的制备过程及测定方法；
4. 气相色谱仪测定时内标溶液的制备方法。

一、气相色谱法

实验目的

1. 掌握多效唑的测定原理和操作方法；
2. 掌握气相色谱仪的使用方法。

实验原理

试样经丙酮溶解后，以邻苯二甲酸二环己酯为内标物，用2% FFAP为填充物的玻璃柱和FID检测器，对试样中的多效唑进行气相色谱分离和测定。

实验仪器

1. 气相色谱仪：具有氢火焰离子化检测器(FID)。
2. 色谱数据处理机：满刻度5 mV或相当的积分仪。
3. 色谱柱：1 100 mm×3.2 mm(id)玻璃柱，内装2% FFAP / Chromosorb W AW-DMCS(60～80目)的填充物。

实验试剂

1. 丙酮。
2. 多效唑标样：已知质量分数≥99%。
3. 内标物：邻苯二甲酸二环己酯，不含干扰分析的杂质。
4. 内标溶液：称取1.0 g邻苯二甲酸二环己酯，置于100 mL容量瓶中，加入丙酮溶解并稀释至刻度，摇匀。

实验步骤

1. 标样溶液的制备

称取多效唑标样100 mg(精确至0.2 mg)，置于15 mL三角瓶中，准确加入内标溶液5 mL，补加5 mL丙酮溶液，摇匀。

2. 试样溶液的制备

称取约含100 mg多效唑的试样(精确至0.2 mg)，置于15 mL三角瓶中，准确加入内标溶液5 mL，补加5 mL丙酮溶液，摇匀。

3. 测定

在上述操作条件下，待仪器基线稳定后，连续注入数针标样溶液，直至相邻两针多效唑的相对响应值变化小于1.5%后，按照标样溶液—试样溶液—试样溶液—标样溶液的顺序进行测定。

实验结果

将测得的两针试样溶液以及试样前后两针标样溶液中多效唑与内标物的峰面积之比分别进行平均。多效唑的质量分数 w(%)按下式计算：

$$w=\frac{r_2\times m_1\times w_1}{r_1\times m_2}$$

式中 r_1——标样溶液中多效唑与内标物的峰面积之比的平均值；

r_2——试样溶液中多效唑与内标物的峰面积之比的平均值；

m_1——标样的质量,g；

m_2——试样的质量,g；

w_1——标样中多效唑的质量分数,%。

二、液相色谱法

实验目的

1. 掌握多效唑的测定原理和操作方法；
2. 掌握液相色谱仪的使用方法。

实验原理

试样用甲醇溶解,过滤,以甲醇＋乙腈＋水为流动相,使用以 NOVA-PAK C_{18} 为填充物的不锈钢柱和紫外检测器,对试样中的多效唑进行高效液相色谱分离和测定。

实验仪器

1. 高效液相色谱仪:具有 230 nm 波长的紫外检测器。
2. 色谱数据处理机。
3. 色谱柱:150 mm×4.6 mm(id)不锈钢色谱柱,内装 NOVA-PAK C_{18}(5 μm)填充物。
4. 过滤器:滤膜孔径约 0.45 μm。
5. 微量进样器:25 μL。

实验试剂

1. 甲醇:优级纯。
2. 乙腈:色谱纯。
3. 新蒸二次蒸馏水。
4. 多效唑标样:已知质量分数≥98%。

实验步骤

1. 标样溶液的制备

称取多效唑标样 50 mg(精确称至 0.2 mg),置于 100 mL 容量瓶中,用甲醇溶解并定容至刻度,摇匀。

2. 试样溶液的制备

称取约含 50 mg 多效唑的试样(精确称至 0.2 mg),置于 100 mL 容量瓶中,用甲醇溶解并定容至刻度,摇匀,再用 0.45 μm 孔径滤膜过滤。

3. 测定

在上述操作条件下,待仪器基线稳定后,连续注入数针标样溶液,直至相邻两针多效唑的相对响应值变化小于 1.0%后,按照标样溶液—试样溶液—试样溶液—标样溶液的顺序进行测定。

实验结果

将测得的两针试样溶液以及试样前后两针标样溶液中多效唑的峰面积分别进行平均。多效唑的质量分数 w(%)按下式计算:

$$w=\frac{r_2\times m_1\times w_1}{r_1\times m_2}$$

式中 r_1——标样溶液中多效唑的峰面积的平均值;

r_2——试样溶液中多效唑的峰面积的平均值;

m_1——标样的质量,g;

m_2——试样的质量,g;

w_1——标样中多效唑的质量分数,%。

注意事项

本方法适用于多效唑原药、可湿性粉剂等单制剂的分析。对不同的复配制剂,可视具体情况适当改变条件来达到较好分离。

思考题

1. 用气相色谱法测定多效唑含量时内标溶液是如何制备的?

2. 高效液相色谱仪的色谱柱填充物一般使用哪些物质?

第10章

石油产品分析

石油产品分析主要概述石油及其产品的组成、分类，石油产品分析的任务、分析标准，石油产品试样的采集方法及分析数据的处理等；主要介绍油品密度、黏度、闪点、燃点等基本理化性质的测定；通过馏程介绍石油产品的蒸发性能；应用浊点、结晶点和凝点等指标评价低温流动性能；介绍石油产品腐蚀性能的酸度(值)测定及油品中水分的测定。本章主要介绍石油产品分析中常见的一些项目的分析方法。

实验三十　石油和液体石油产品密度的测定

【预习指导】

1.密度计法测定石油和液体石油产品密度的测定原理和过程；

2.读取密度计读数和试样温度的操作方法；

3.正确选择合适的密度计；

4.分析实验产生误差的原因，分析结果是否准确的评价方法。

实验目的

1.了解密度计法测定油品密度的原理和方法；

2.掌握密度计法测定油品密度的操作技能；

3.熟练地将密度计读数换算成标准密度。

实验原理

将处于规定温度的试样，倒入温度大致相同的量筒中，放入合适的密度计，静置，当温度达到平衡后，读取密度计读数和试样温度。参照《石油计量表》把观察到的密度计读数换算成标准密度。必要时，可以将盛有试样的量筒放在恒温浴中，以避免测定温度变化过大。

实验仪器

1.密度计。

2.量筒：250 mL，2支。

3.温度计：－1～38 ℃，最小分度值为0.1 ℃，1支；－20～102 ℃，最小分度值为0.2 ℃，1支。

4.恒温浴：能容纳量筒，使试样完全浸没在恒温浴液面以下，可控制实验温度变化在±0.25 ℃以内，1台。

5.移液管:25 mL。

实验试剂

1.柴油。

2.汽油。

3.机油。

实验步骤

1.试样准备

对黏稠或含蜡的试样,要先加热到能够充分流动的温度,保证既无蜡析出,又不致引起轻组分损失。

2.试样测定

将调好温度的试样小心地沿管壁倾入到洁净的量筒中,注入量为量筒容积的70%左右。若试样表面有气泡聚集时,要用清洁的滤纸除去气泡。将盛有试样的量筒放在没有空气流动并保持平稳的实验台上。

选择合适的密度计,将干燥、清洁的密度计慢慢小心地放入搅拌均匀的试样中。密度计底部与量筒底部的间距至少保持25 mm,否则应向量筒注入试样或用移液管吸出适量试样。达到平衡时,轻轻转动一下,放开,使其离开量筒壁,自由漂浮至静止状态。

测定透明液体,要将密度计再压入液体中约两个刻度,放开,待其稳定后读取液体下弯月面与密度计干管相切的刻度作为检定标准。对不透明试样,要读取液体上弯月面与密度计干管相切的刻度,再按表10-1进行修正。

记录读数后,立即小心地取出密度计,并用温度计垂直地搅拌试样,记录温度,准确到0.1 ℃。若与开始实验温度相差大于0.5 ℃,应重新读取密度和温度,直到温度变化稳定在0.5 ℃以内。如果不能得到稳定温度,把盛有试样的量筒放在恒温浴中,再按上述步骤重新操作。

记录连续两次测定的温度和视密度。

3.密度修正与换算

由于密度计读数是按读取液体下弯月面作为检定标准的,所以对不透明试样,需按表10-1加以修正(SY—01型或SY—02型石油密度计除外),记录到0.1 kg/m^3(0.000 1 g/mL)。

表10-1　　密度计的技术要求

型号	SY—02	SY—05	SY—10	SY—02	SY—05	SY—10
单位	kg/m^3(20 ℃)	kg/m^3(20 ℃)	kg/m^3(20 ℃)	g/mL(20 ℃)	g/mL(20 ℃)	g/mL(20 ℃)
密度范围	600～1 100	600～1 100	600～1 100	0.600～1.100	0.600～1.100	0.600～1.100
每支单位	20	50	50	0.02	0.05	0.05
刻度间隔	0.2	0.5	1.0	0.000 2	0.000 5	0.001 0
最大刻度误差	±0.2	±0.3	±0.6	±0.000 2	±0.000 3	±0.000 6
弯月面修正值	±0.3	±0.7	±1.4	±0.000 3	±0.000 7	±0.001 4

4.精密度

(1)重复性。在温度范围为−2～24.5 ℃时,同一操作者用同一仪器在恒定的操作条件下,对同一试样重复测定两次,结果之差要求如下:透明、低黏度试样,不应超过0.000 5

g/mL;不透明试样,不应超过 0.000 6 g/mL。

(2)再现性。在温度范围为−2～24.5 ℃时,由不同实验室提出的两个结果之差要求如下:透明、低黏度试样,不应超过 0.001 2 g/mL;不透明试样,不应超过 0.001 5 g/mL。

实验结果

取重复测定两次结果的算术平均值作为试样的密度。

注意事项

1.用密度计法测定密度时,在接近或等于标准温度 20 ℃时最准确。

2.当密度值用于散装石油计量,需在接近散装石油温度 3 ℃以内来测定密度,这样可以减少石油体积修正误差。

3.在整个实验期间,若环境温度变化大于 2 ℃时,要使用恒温浴,以避免测定温度变化过大。

4.密度计是玻璃制品,使用时要轻拿轻放,要用脱脂棉或其他质软的物品擦拭,取出和放入时可用手拿密度计的上部,清洗时应拿其下部,以防破损。

思考题

1.测定石油产品密度的方法有哪几种?

2.为什么要让气泡升到表面,并用滤纸除去?

3.在整个实验期间,若与开始实验温度相差大于 0.5 ℃,会产生什么影响? 如何处理?

实验三十一　石油产品运动黏度的测定

【预习指导】

1.毛细管黏度计法测定石油产品运动黏度的测定原理和过程;

2.毛细管黏度计的操作方法;

3.选择合适的毛细管黏度计;

4.秒表的构造和使用方法。

实验目的

1.掌握石油产品运动黏度的测定方法和操作技能;

2.掌握石油产品运动黏度测定结果的计算方法;

3.熟练进行仪器的安装和使用。

实验原理

在某一恒定的温度下,测定一定体积的试样在重力下流过一个经过标定的玻璃毛细管黏度计的时间,黏度计的毛细管常数与流动时间的乘积,即为该温度下被测定液体的运动黏度。

实验仪器

1.玻璃毛细管黏度计:一组毛细管内径为 0.4 mm、0.6 mm、0.8 mm、1.0 mm、1.2 mm、1.5 mm、2.0 mm、2.5 mm、3.0 mm,测定运动黏度时试样的流动时间不少于 200 s,内径 0.4 mm 的流动时间不少于 350 s。

2.恒温浴缸:高度不小于 180 mm,容积不小于 2 L,并附设自动搅拌和准确调温装置。在不同温度下使用的恒温浴液体见表10-2。

表10-2 不同测定温度下使用的恒温浴液体

测定温度/℃	恒温浴液体
50～100	透明矿物油、丙三醇(甘油)或25%硝酸铵溶液
20～50	水
0～20	水与冰的混合物或乙醇与干冰的混合物
-50～0	乙醇与干冰的混合物

3. 玻璃水银温度计:38～42 ℃,1支;98～102 ℃,1支。

4. 秒表:分度0.1 s。

实验试剂

1. 溶剂油或石油醚:60～90 ℃,化学纯。

2. 铬酸洗液。

3. 乙醇:95%,化学纯。

实验步骤

1. 试样预处理

试样含有水或机械杂质时,在实验前必须经过脱水处理,用滤纸过滤除去机械杂质。对于黏度较大的润滑油,可以用瓷漏斗,利用水流泵或其他真空泵进行抽滤,也可以在加热至50～100 ℃的温度下进行脱水过滤。

2. 清洗黏度计

在测定试样黏度之前,必须将黏度计用溶剂油或石油醚洗涤,如果黏度计沾有污垢,要用铬酸洗液、水、蒸馏水或95%乙醇依次洗涤。然后放入烘箱中烘干或用通过棉花滤过的热空气吹干。

3. 装入试样

测定运动黏度时,选择内径符合要求的清洁、干燥毛细管黏度计吸入试样,如图10-1所示。在装入试样之前,将橡皮管套在支管3上,并用手指堵住管身2的管口,同时倒置黏度计,将管身4插入装有试样的容器中,利用橡皮球(或水流泵及其他真空泵)将试样吸到标线b,同时注意不要使管身4、扩张部分5和6中的试样产生气泡和裂隙。当液面达到标线b时,从容器中提出黏度计,并迅速恢复至正常状态,同时将管身4的管端外壁所沾着的多余试样擦去,并从支管3取下橡皮管套在管身4上。

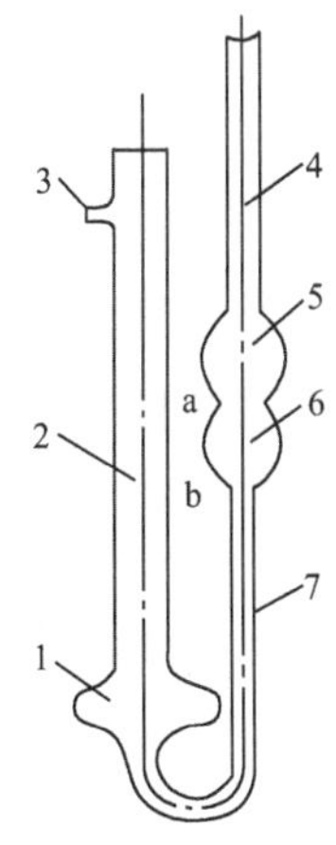

图10-1 玻璃毛细管黏度计

4. 安装仪器

将装有试样的黏度计浸入事先准备妥当的恒温浴中,并用夹子将黏度计固定在支架上,在固定位置时,必须把毛细管黏度计的扩张部分5浸入一半。温度计要利用另一个夹子固定,需使水银球的位置接近毛细管中央点的水平面,并使温度计上要测温的刻度位于恒温浴的液面上10 mm处。

5.测定试样流动时间

调试试样液面位置，利用毛细管黏度计管身4所套的橡皮管将试样吸入扩张部分6中，使试样液面高于标线a。观察试样在管身中的流动情况，液面恰好到达标线a时，开动秒表；液面正好流到标线b时，停止计时，记录流动时间。应重复测定至少4次。

实验结果

在温度为t时，试样的运动黏度按下式计算：

$$\nu_t = C\tau_t$$

式中 ν_t——在温度t时试样的运动黏度，mm^2/s；

τ_t——在温度t时试样的平均流动时间，s。

黏度测定结果的数值取四位有效数字。

取重复测定结果的算术平均值作为试样的运动黏度。

注意事项

1.使用全浸式温度计时，如果它的测温刻度露出恒温浴液面，需按下式进行校正，才能准确量出液体的温度：

$$t = t_1 - \Delta t$$

$$\Delta t = kh(t_1 - t_2)$$

式中 t——经校正后的测定温度，℃；

t_1——测定黏度时的规定温度，℃；

t_2——接近温度计液柱露出部分的空气温度，℃；

Δt——温度计液柱露出部分的校正值，℃；

k——常数，水银温度计采用$k=0.000\ 16$，酒精温度计采用$k=0.001$；

h——露出恒温浴液面的水银柱或酒精柱高度，℃。

2.不要让毛细管和扩张部分6中的试样产生气泡或裂隙。

3.将黏度计调整为垂直状态，要利用铅垂线从两个相互垂直的方向去检查毛细管的垂直情况。将恒温浴调整到规定温度，把装好试样的黏度计浸入恒温浴内，按表10-3规定的时间恒温。实验温度必须保持恒定，波动范围不允许超过±0.1 ℃。

表10-3　黏度计在恒温浴中的恒温时间

实验温度/℃	恒温时间/min	实验温度/℃	恒温时间/min
80～100	20	20	10
40～50	15	−50～0	15

4.按测定温度不同，每次流动时间与算术平均值的差值应符合表10-4中的要求。最后，用不少于3次测定的流动时间计算算术平均值，作为试样的平均流动时间。

表10-4　不同温度下，允许单次测定流动时间与算术平均值的相对误差

测定温度范围/℃	允许相对测定误差/%	测定温度范围/℃	允许相对测定误差/%
<−30	2.0	15～100	0.5
−30～15	1.5		

5.同一操作者重复测定两个结果之差，不应超过表10-5所列数值。

表 10-5 不同测定温度下,运动黏度测定的重复性要求

黏度测定温度/℃	重复性/%	黏度测定温度/℃	重复性/%
－60～－30	算术平均值的5.0	15～100	算术平均值的1.0
－30～15	算术平均值的3.0		

思考题

1. 为什么不要让毛细管和扩张部分6中的试样产生气泡或裂隙?
2. 为什么温度必须严格保持在所要求温度的±0.1 ℃以内?
3. 为什么试样必须脱水、除去机械杂质?

实验三十二 石油产品闪点的测定

【预习指导】

1. 闭口杯法测定石油产品闪点的测定方法和有关计算过程;
2. 闭口闪点测定器的安装和操作方法;
3. 运用气压计测定实验时的实际大气压力,并进行大气压力修正;
4. 控制升温速度;
5. 对试样进行脱水处理的方法。

实验目的

1. 掌握闭口杯法测定石油产品闪点的测定方法和有关计算;
2. 掌握闭口闪点测定器的使用性能和操作方法;
3. 熟练掌握控制升温速度的方法。

实验原理

将试样装入油杯至环状刻线处,试样在连续搅拌下用缓慢、恒定的速度加热。在规定的温度间隔,同时中断搅拌的情况下,将一小火焰引入杯内,测定火焰引起试样蒸气闪火时的最低温度,此温度称为闭口杯闪点。

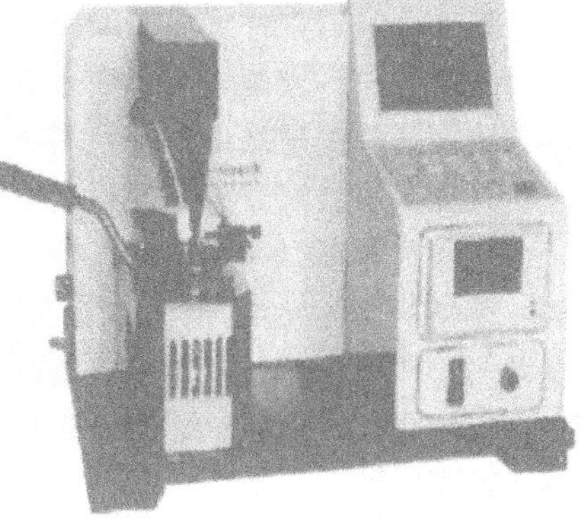

图 10-2 JSR 2902 石油产品闭口闪点测定器

实验仪器

1. 闭口闪点测定器:如图10-2所示,符合闭口闪点测定器技术条件。

2. 温度计:1支,符合石油产品实验用温度计技术条件。

3. 防护屏:用镀锌铁皮制成,高度550～650 mm,宽度以适用为宜,屏身涂成黑色。

实验试剂

无铅汽油或车用柴油试样(闭口杯闪点为45～65 ℃)。

实验步骤

1. 试样预处理

试样含水分超过0.05%时,必须脱水。脱水是以新煅烧并冷却的食盐或硫酸钠或无

水氯化钙为脱水剂对试样进行处理,脱水后,取试样的上层澄清部分供实验使用。

2. 清洗油杯

油杯要用无铅汽油或溶剂油洗涤,再用空气吹干。

3. 装入试样

试样注入油杯时,试样和油杯的温度都不应高于试样脱水的温度。杯中试样要装满到环状标记处,然后盖上清洁、干燥的杯盖,插入温度计,并将油杯放在空气浴中。测定闪点低于 50 ℃的试样时,应预先将空气浴冷却到室温(20±5)℃。

4. 引燃点火器

将点火器的灯芯用煤气引火点燃,并将火焰调整到接近球形,其直径为 3~4 mm。使用带灯芯的点火器之前,应向点火器中加入轻质润滑油作为燃料。

5. 围好防护屏

闪点测定器要放在避风和较暗的地点,才便于观察闪火。为了更有效地避免气流和光线的影响,闪点测定器应围上防护屏。

6. 测定大气压

用检定过的气压计测出实验时的实际大气压力。

7. 控制升温速度

测定闪点低于 50 ℃的试样时,从实验开始到结束要不断地进行搅拌,并使试样温度每分钟升高 1 ℃;测定闪点高于 50 ℃的试样时,开始加热速度要均匀上升,并定期进行搅拌,到预计闪点前 40 ℃时,调整加热速度,并不断搅拌,以保证在预计闪点前 20 ℃时,升温速度能控制在每分钟升高 2~3 ℃。

8. 点火实验

试样温度达到预计闪点前 10 ℃时,对于闪点低于 104 ℃的试样每升高 1 ℃进行一次点火实验,对于闪点高于 104 ℃的试样每升高 2 ℃进行一次点火实验。在此期间要不断转动搅拌器进行搅拌,只有在点火时才停止搅拌。点火时,使火焰在 0.5 s 内降到杯上含蒸气的空间中,停留 1 s,立即迅速回到原位。如果看不到闪火,就继续搅拌试样,并按上述要求重复进行点火实验。

9. 测定闪点

在试样液面上方最初出现蓝色火焰时,立即读出温度,作为闪点测定结果。继续进行点火实验,应能再次闪火。否则,应更换试样重新实验,只有实验的结果重复出现,才能确认测定有效。

实验结果

取重复测定结果的算术平均值作为试样的闭口杯闪点。

注意事项

1. 如果被测闪点低于 100 ℃,脱水时不必加温;若估计闪点高于 100 ℃时,可以加热到 50~80 ℃。

2. 根据观察和记录大气压力,按下式对闪点进行大气压力修正。将修正值修约到整数作为测定结果。

$$t_0 = t + 0.25 \times (101.3 - p)$$

式中　t_0——相当于基准压力(101.3 kPa) 时的闪点,℃;

t——实测闪点，℃；

p——实际大气压力，kPa。

3. 同一操作者重复测定的两个结果之差（重复性），应符合表10-6中的要求。

表10-6　不同闭口杯闪点范围的精密度要求

闪点范围/℃	精密度	
	重复性允许差数/℃	再现性允许差数/℃
≤104	2	4
>104	6	8

4. 由两个实验室各自测出的结果之差（再现性），应符合表10-6中的要求。

思考题

1. 加热速度过快或过慢，点火次数增多，对闪点的测定有何影响？

2. 点火用的火焰大小、与试样液面的距离及停留时间，对闪点的测定有何影响？

3. 在试样液面上方最初出现蓝色火焰时，立即读出温度，作为闪点测定结果。继续进行点火实验，应能再次闪火。否则，应更换试样重新实验，为什么？

实验三十三　石油产品馏程的测定

【预习指导】

1. 轻质石油产品馏程的测定方法、有关计算和过程；

2. 轻质石油产品馏程测定器的安装和操作方法；

3. 运用气压计测定实验时的实际大气压力，并进行大气压力修正；

4. 升温速度和冷凝温度的控制；

5. 对试样进行脱水处理的方法。

实验目的

1. 掌握轻质石油产品馏程的测定原理和测定结果的修正与计算方法；

2. 掌握轻质石油产品馏程的测定方法和操作技能；

3. 熟练掌握升温速度和冷凝温度的控制方法。

实验原理

100 mL试样在规定的实验条件下，用专门仪器按产品性质要求进行蒸馏，系统观察馏出液体积和馏出温度，最后计算出测定结果。

实验仪器

1. 石油产品馏程测定器：符合石油产品馏程测定技术条件。

2. 秒表。

3. 喷灯：或用带自耦变压器的电炉。

4. 温度计。

5. 量筒：100 mL，10 mL。

实验试剂

90号车用无铅汽油或车用柴油。

实验步骤

1.试样预处理

若油品含水,实验前应先加入新煅烧并冷却的食盐或无水氯化钙进行脱水处理,沉淀后方可取样。

2.安装冷凝系统

蒸馏前,蒸馏烧瓶可以用轻质汽油洗涤,再用空气吹干。必要时,用铬酸洗液或碱洗液除去蒸馏烧瓶中的积炭。冷凝器的冷凝管要用缠在铜丝或铝丝上的软布擦拭内壁,除去上次蒸馏残留下的液体。蒸馏汽油时,将冷凝器的进水支管套上带夹子的橡皮管,然后将冰块或雪装入水槽,再装上用冷水浸过的冷凝管。蒸馏时水槽中的温度必须保持在-5～0 ℃。如果蒸馏溶剂油、喷气燃料、煤油及其他石油产品,冷凝器的进水和排水支管都要套上橡皮管。水经过进水支管流入水槽,再经排水支管流出,流出水的温度要调节至不高于 30 ℃。若蒸馏含蜡液体燃料(凝点高于-5 ℃),需控制水温在 50～70 ℃之间。

3.量取试样

用清洁、干燥的 100 mL 量筒量取 100 mL 试样,注入蒸馏烧瓶中,防止试样流入蒸馏烧瓶的支管内。注入蒸馏烧瓶时试样的温度应为(20±3)℃。

4.安装温度计

将插好温度计的软木塞,紧紧塞在盛有试样的蒸馏烧瓶口内,使温度计和蒸馏烧瓶的轴心线互相重合,并且使水银球的上边缘与支管焊接处的下边缘处于同一水平面。

5.安装装置

装有汽油或溶剂油的蒸馏烧瓶,要安装在内径为 30 mm 的石棉垫上;装有煤油、喷气燃料或车用柴油的蒸馏烧瓶要安装在内径为 50 mm 的石棉垫上;蒸馏烧瓶的支管用软木塞与冷凝管的上端紧密连接。支管插入冷凝管内的长度要达到 25～40 mm,但不要与冷凝管内壁接触。在软木塞的连接处均涂上火棉胶之后,将上罩放在石棉垫上,把蒸馏烧瓶罩住。将量取过试样的量筒(不需经过干燥)放在冷凝管下面,并使冷凝管下端插入量筒中不少于 25 mm 处(暂时互相不接触),但不得低于 100 mL 标线。量筒的口部要用棉花塞好,方可进行蒸馏。

蒸馏汽油时,量筒要浸在装有水的烧杯中,水面要高出量筒的 100 mL 标线,量筒的底部要压有金属压载物,防止量筒浮起。在蒸馏过程中,高型烧杯中的水温应保持在(20±3)℃。

6.馏程测定

(1)点火加热。装好仪器之后,先记录大气压力,然后开始对蒸馏烧瓶均匀加热。

(2)记录初馏点,控制蒸馏速度。第一滴馏出液从冷凝管滴入量筒时,记录此时的温度作为初馏点。然后移动量筒使其内壁接触冷凝管末端,让馏出液沿量筒内壁流下。此后,蒸馏速度要均匀,每分钟馏出 4～5 mL,此速度相当于每 10 s 馏出 20～25 滴。检查蒸馏速度时,可以移动量筒使其内壁与冷凝管末端离开片刻。

(3)记录各馏分组成温度。在蒸馏过程中要及时记录试样技术标准中所要求的内容。

①如果试样的技术标准要求不同馏出体积分数(如 10%、50%、90%等)的温度,那么当量筒中馏出液的体积达到技术标准所指定的体积分数时,应立即记录馏出温度。实验结束时,温度计的误差,应根据温度计检定证上的修正数进行修正;馏出温度受大气压力

的影响，应进行修正。

②如果试样的技术标准要求在某温度(如 100 ℃、200 ℃、250 ℃、270 ℃等)时的馏出体积分数，那么当蒸馏温度达到相当于技术标准所指定的温度时，要立即记录量筒中的馏出液体积。注意:在这种情况下，温度计的误差，应预先根据温度计检定证上的修正数进行修正，馏出温度受大气压力的影响，也应预先进行修正。例如，蒸馏煤油时，大气压力为 96.6 kPa，而温度计在 270 ℃的修正值为＋1 ℃，即以 269 ℃代替 270 ℃。当温度计读数达到(270－1)－7.5×0.065×(101.3－96.6)＝267 ℃时，即可记录量筒中馏出液的体积。

(4)蒸馏终点的控制。在蒸馏汽油或溶剂油的过程中，当量筒中的馏出液达到 90 mL 时，允许对加热强度作最后一次调整，要求在 3～5 min 内达到干点，如要求终点而不要求干点时，应在 2～4 min 内达到终点；在蒸馏喷气燃料、煤油或车用柴油的过程中，当量筒中的液面达到 95 mL 时，不要改变加热强度，并记录从 95 mL 到终点所经过的时间，如果这段时间超过 3 min，则此次实验无效。

蒸馏达到试样技术标准要求的终点(如馏出 95%、96%、97.5%、98%等)时，除记录馏出温度外，应同时停止加热，让馏出液流出 5 min，记录量筒中的液体体积。

如果试样的技术标准规定有干点温度，那么对蒸馏烧瓶的加热要达到温度计的水银柱停止上升而开始下降时为止，同时记录温度计所指示的最高温度作为干点。在停止加热后，让馏出液流出 5 min，再记录量筒中液体的体积。

(5)测定残留体积。实验结束时，取出上罩，让蒸馏烧瓶冷却 5 min 后，从冷凝管卸下蒸馏烧瓶。卸下温度计及瓶塞之后，将蒸馏烧瓶中的热残留物小心地倒入 10 mL 量筒内，待量筒冷却到(20±3)℃时，记录残留物的体积，精确至 0.1 mL。

(6)计算蒸馏损失。试样的体积(100 mL)减去馏出液和残留物的总体积所得之差，就是蒸馏损失。

实验结果

平行测定的两个结果允许有如下误差:初馏点，4 ℃；干点，2 ℃；中间馏分，1 mL；残留物0.2 mL。

试样馏程用各馏程规定的平行测定结果的算术平均值表示。

注意事项

1.水槽中的温度必须保持在－5～0 ℃。缺乏冰或雪时，验收实验可以用冷水代替，但仲裁实验必须使用冰或雪。

2.在测定含蜡液体燃料时，可适当提高试样温度，使其在流动状态下量取，但要控制接收馏出物的温度与量取试样的温度一致。

3.蒸馏汽油或溶剂油时，从加热开始到冷凝管下端滴下第一滴馏出液所经过的时间为 5～10 min；蒸馏航空汽油时，为 7～8 min；蒸馏喷气燃料、煤油、车用柴油时，为 10～15 min；蒸馏燃料油或其他重质油料时，为 10～20 min。

4.蒸馏煤油时，如果尚未达到技术标准要求的馏出 98%，就已把试样蒸干时，再次实验则允许在馏出液达到 97.5%时记录馏出温度并停止加热，让馏出液流出 5 min，记录量筒中液体的体积。如果量筒中的液体体积小于 98 mL，应重新进行实验。

5.进行蒸馏实验时，体积和温度读数要分别精确到 0.5 mL 和 1 ℃。

6. 对于馏程不明的试样，实验时要记录下列温度：初馏点，馏出体积分数为 10%、20%、30%、40%、50%、60%、70%、80%、90%和 97%的温度。当试样确定近似牌号之后，再按照该牌号的技术标准所规定的各项馏程要求，重新进行馏程测定。

7. 大气压力对馏出温度影响的修正。当实际大气压力超出 100.0～102.6 kPa 范围时，馏出温度受大气压力的影响需要按下式进行修正：

$$t_0 = t + C$$

其中

$$C = 0.0009 \times (101.3 - p) \times (273 + t)$$

式中 t_0——在 101.3 kPa 下的馏出温度，℃；

t——在实验条件下的温度计读数，℃；

C——温度修正数，℃；

p——实际大气压力，kPa。

或

$$C = 7.5k(101.3 - p)$$

式中 k——馏出温度的修正常数(见表 10-7)，℃；

7.5——大气压力单位换算系数，kPa^{-1}。

表 10-7　　馏出温度的修正常数

馏出温度/℃	k	馏出温度/℃	k
11～20	0.035	191～200	0.056
21～30	0.036	201～210	0.057
31～40	0.037	211～220	0.059
41～50	0.038	221～230	0.060
51～60	0.039	231～240	0.061
61～70	0.041	241～250	0.062
71～80	0.042	251～260	0.063
81～90	0.043	261～270	0.065
91～100	0.044	271～280	0.066
101～110	0.045	281～290	0.067
111～120	0.047	291～300	0.068
121～130	0.048	301～310	0.069
131～140	0.049	311～320	0.071
141～150	0.050	321～330	0.072
151～160	0.051	331～340	0.073
161～170	0.053	341～350	0.074
171～180	0.054	351～360	0.075
181～190	0.055		

思考题

1. 为什么要对加热速度和馏出速度进行控制？

2. 恩氏蒸馏测定汽油时，为什么量筒的口部要用棉花塞住？

3. 为什么必须对含水试样进行脱水处理，并加入沸石？

4. 为什么试样及馏出物的量取温度要保持一致性？通常要求在多少度的条件下进行？

5. 对于恩氏蒸馏测定的特点和实际意义，你是怎样考虑的？

实验三十四 石油产品铜片腐蚀实验

【预习指导】

1. 不同石油产品铜片腐蚀的方法和测定过程；
2. 金属试片的制备技术和操作方法；
3. 升温速度和恒温的控制。

实验目的

1. 掌握铜片腐蚀实验的测定原理、方法和操作技能。
2. 掌握金属试片制备技术。

实验原理

把一块已磨光的铜片浸没在一定量的试样中，并按产品标准要求加热到指定温度，保持一定的时间。待实验周期结束后，取出铜片，经洗涤后与腐蚀标准色板进行比较，确定腐蚀级别。

实验仪器

1. 实验弹：用不锈钢按图 10-3 所示制作，能承受 689 kPa 试验表压。

2. 试管：长 150 mm、外径 25 mm、壁厚 1～2 mm，在试管 30 mL 处刻一环线。

3. 水浴或其他液体浴（或铝块浴）：能维持在实验所需的温度(40±1) ℃、(50±1) ℃、(100±1) ℃或其他所需的温度。用支架支持实验弹保持垂直位置，并使整个实验弹能浸没在浴液中。用支架支持试管保持垂直，并浸没至浴液中约 100 mm 深度。

4. 磨片夹钳或夹具：磨片时牢固地夹住铜片而不损坏边缘，并使铜片表面高出夹具表面。

5. 观察试管：扁平形，在实验结束时，供检验用或在储存期间供盛放腐蚀的铜片用。

6. 温度计：全浸型、最小分度 1 ℃或小于 1 ℃，用于指示实验温度，所测温度点的水银线伸出浴介质表面应不大于 25 mm。

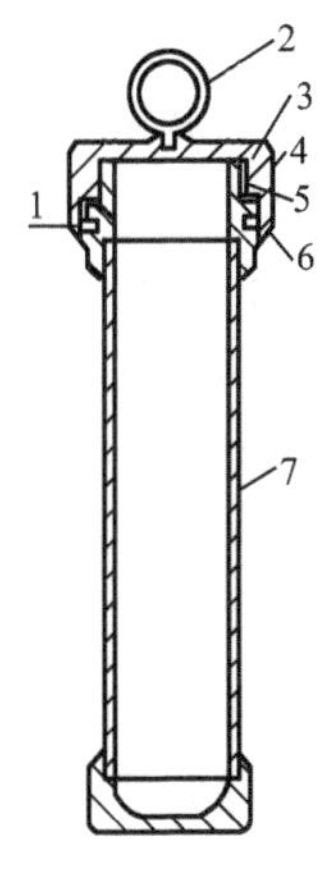

图 10-3 铜片腐蚀实验弹

1—密封圈；2—提环；3—压力释放槽；4—滚花帽；5—细牙螺纹；6—密封圈保护槽；7—无缝不锈钢管

实验试剂

1. 洗涤溶剂：分析纯，90～120 ℃的石油醚或溶剂油。

2. 铜片：纯度大于 99.9%的电解铜，宽为 12.5 mm、厚为 1.5～3.0 mm、长为 75 mm，铜片可以重复使用，但当铜片表面出现有不能磨去的坑点或深道痕迹，或在处理过程中表面发生变形时，则不能再用。

3. 磨光材料：65 μm(240 粒度)的碳化硅或氧化铝(刚玉)砂纸(或砂布)，105 μm(150 目)的碳化硅或氧化铝(刚玉)砂粒，以及药用脱脂棉。

4. 车用无铅汽油。

5. 车用柴油。

6. 腐蚀标准色板:本方法用的腐蚀标准色板是由全色加工复制而成的。它是在一块铝薄板上印刷四色加工而成的,腐蚀标准色板是由代表失去光泽表面和腐蚀增加程度的典型实验铜片组成。为了保护起见,这些腐蚀标准色板嵌在塑料板中。在每块标准色板的反面给出了腐蚀标准色板的使用说明。

为避免褪色,腐蚀标准色板应避光存放。实验用的腐蚀标准色板要用另一块在避光下保护的(新的)腐蚀标准色板与它进行比较来检查其褪色情况。在散射日光(或之相当的光线)下,对色板进行观察,先从上方直接看,然后再从 45°角看。如果观察到有褪色迹象,特别是在腐蚀标准色板最左边的色板有这种迹象,则废弃这块色板。

检查褪色的另一种方法是:当购进新色板时,把一条 20 mm 宽的不透明片(遮光片)放在这块腐蚀标准色板带颜色部分的顶部。把不透明片拿开,以检查暴露部分是否有褪色的迹象。如果发现有任何褪色,则应该更换这块腐蚀标准色板。

如果塑料板表面显示出有过多的划痕,则也应该更换这块腐蚀标准色板。

准备工作

1. 试片的制备

先用砂纸把铜片六个面上的瑕疵去掉。再用 65 μm(240 粒度)的砂纸处理。用定量滤纸擦去铜片上的金属屑,把铜片浸没在洗涤溶剂中。然后取出,可直接进行最后磨光,或储存在洗涤溶剂中备用。

表面准备的操作步骤:把一张砂纸放在平坦的表面上,用煤油或洗涤溶剂湿润砂纸,以旋转动作将铜片对着砂纸摩擦,用无灰滤纸或夹钳夹持,以防止铜片与手指接触。另一种方法是用粒度合适的干砂纸(或砂布)装在马达上,通过驱动马达来加工铜片表面。

最后磨光,从洗涤溶剂中取出铜片,用无灰滤纸保护手指夹持铜片。取一些 105 μm(150 目)的碳化硅或氧化铝(刚玉)砂粒放在玻璃板上,用 1 滴洗涤溶剂湿润,并用一块脱脂棉,蘸取砂粒。用不锈钢镊子夹持铜片,千万不能接触手指。先摩擦铜片各端边,然后将铜片夹在夹钳上,用沾在脱脂棉上的碳化硅或氧化铝(刚玉)砂粒磨光主要表面,要沿铜片的长轴方向磨。再用一块干净的脱脂棉使劲地摩擦铜片,以除去所有金属屑,直到新脱脂棉不留污斑为止。铜片擦净后,立即浸入已准备好的试样中。

2. 取样

对会使铜片造成轻度变暗的各种试样,应该储放在干净的深色玻璃瓶、塑料瓶或其他不致影响到试样腐蚀性的合适的容器中。

容器要尽可能装满试样,取样后立即盖上。取样时要小心,防止试样暴露于日光下。实验室收到试样后,在打开容器后应尽快进行实验。

如果在试样中看到有悬浮水(浑浊),则用一张中速定性滤纸把足够体积的试样过滤到一个清洁、干燥的试管中。此操作尽可能在暗室或避光的屏风下进行。

实验步骤

1. 实验条件

不同的石油产品采用不同的实验条件。

(1)航空汽油、喷气燃料:把完全清澈、无悬浮水的试样倒入清洁、干燥试管的30 mL刻线处,并将经过最后磨光、干净的铜片在 1 min 内浸入试样中。将试管小心滑入实验弹中，旋紧弹盖。再将实验弹完全浸入到(100±1) ℃的水浴中。在水浴中放置(120±5) min后，取出实验弹，并用自来水冲几分钟。打开实验弹盖，取出试管，按下述步骤2检查铜片。

(2)柴油、燃料油、车用无铅汽油：把完全清澈、无悬浮水的试样倒入清洁、干燥试管的30 mL刻线处，并将经过最后磨光、干净的铜片在1 min内浸入试样中。用一个有排气孔(打一个直径为2～3 mm小孔)的软木塞塞住试管。将该试管放到(50±1) ℃的水浴中。在水浴中放置(180±5) min后，按步骤2检查铜片。

2. 铜片的检查

达到规定时间后，从水浴中取出试管，将试管中的铜用不锈钢镊子立即取出，浸入洗涤溶剂中，洗去试样。然后，立即取出铜片，用定量滤纸吸干铜片上的洗涤溶剂。比较铜片与腐蚀标准色板，检查变色或腐蚀迹象。比较时，将铜片及腐蚀标准色板对光线成45°角折射的方式拿持，进行观察。

实验结果

1. 结果的表示

腐蚀分为4级。当铜片是介于两种相邻的标准色阶之间的腐蚀级别时，则按其变色严重的腐蚀级判断试样。当铜片出现有比标准色板中1b还深的橙色时，则认为铜片仍属1级；但是，如果观察到有红颜色时，则所观察的铜片判断为2级。

2级中紫红色铜片可能被误认为黄铜色完全被洋红色的色彩所覆盖的3级。为了区别这两个级别，可以把铜片浸没在洗涤溶剂中。2级会出现一个深橙色，而3级不变色。

为了区别2级和3级中多种颜色的铜片，把铜片放入试管中，并把这支试管平放在315～370℃的电热板上4～6min。另外用一支试管，放入一支高温蒸馏用温度计，观察这支温度计的温度来调节电炉的温度。如果铜片呈现银色，然后再呈现为金黄色，则认为铜片属2级。如果铜片出现如4级所述透明的黑色及其他各色，则认为铜片属3级。

2. 结果的判断

如果重复测定的两个结果不相同，应重做实验。当重新实验的两个结果仍不相同时，则按变色严重的腐蚀级来判断。

报告

按腐蚀级别中的一个腐蚀级报告试样的腐蚀性，并报告实验时间和实验温度。

第11章

化工产品分析

化工产品分析阐述了几种基础化工原料的生产工艺、主要控制项目和分析方法，是工业分析课程中的理论知识在化工生产实践中的实际运用。具体介绍了工业硫酸生产工艺、硫铁矿中硫含量的测定方法、硫酸生产中的尾气分析以及工业硫酸产品的质量检验；介绍了工业氢氧化钠的生产工艺、氯气和工业氢氧化钠产品的质量检验方法；介绍了工业乙酸乙酯的生产工艺和产品的分析方法。本章主要介绍氢氧化钠和乙酸乙酯产品的分析方法。

实验三十五　氢氧化钠产品中铁含量的测定

【预习指导】

1. 氢氧化钠产品中铁含量的测定原理和过程；
2. 分光光度法定性定量的方法；
3. 分光光度法的操作方法；
4. 分光光度法测定铁含量的测定条件选择；
5. 标准曲线法测定铁含量的步骤和结果计算方法。

实验目的

1. 掌握氢氧化钠中铁含量的测定原理和方法；
2. 掌握分光光度法测定铁含量的测定条件的选择方法；
3. 掌握分光光度法的操作步骤；
4. 掌握标准曲线法测定铁含量的步骤和结果计算方法。

实验原理

用盐酸羟胺将试样溶液中的 Fe^{3+} 还原成 Fe^{2+}，在缓冲溶液(pH＝4.9)体系中 Fe^{2+} 同1,10-邻菲啰啉生成橙色配合物，在波长 510 nm 处测定该配合物的吸光度，用标准曲线法求得氢氧化钠产品中的铁含量。

实验仪器

1. 721型分光光度计。
2. 容量瓶：100 mL。

实验试剂

1. 盐酸羟胺溶液：10 g/L。

2. 乙酸-乙酸钠缓冲溶液：pH＝4.9，称取 272 g 乙酸钠($CH_3COONa \cdot 3H_2O$)溶于水，加 240 mL 冰乙酸，稀释至 1 000 mL。

3. 铁标准溶液：0.200 mg Fe/mL，称取硫酸亚铁铵[$(NH_4)_2Fe(SO_4)_2 \cdot 3H_2O$] 1.404 3 g(准确至 0.000 1 g)，溶于 200 mL 水中，加入 20 mL 硫酸(ρ=1.84 g/mL)，冷却至室温，移入 1 000 mL 容量瓶中，稀释至刻度，摇匀。

4. 铁标准溶液：0.010 mg Fe/mL，取 25.00 mL 上述铁标准溶液，移入 500 mL 容量瓶中，稀释至刻度，摇匀。该溶液要在使用前配制。

5. 对硝基酚溶液：2.5 g/L。

6. 1,10-邻菲啰啉溶液：2.5 g/L。

实验步骤

1. 依次按表 11-1 中的体积取铁标准溶液于 100 mL 容量瓶中，分别在每个容量瓶中，加 0.5 mL HCl(ρ=1.19 g/mL)并加入约 50 mL 水，然后加入 5 mL 盐酸羟胺、20 mL 缓冲溶液及 5 mL 1,10-邻菲啰啉溶液，用水稀释至刻度，摇匀，静置 10 min。在波长 510 nm 处测定吸光度，以 100 mL 溶液中铁的含量为横坐标，与其相对应的吸光度为纵坐标，绘制标准曲线。

表 11-1 铁标准溶液取用量

铁标准溶液体积/mL	0.0	1.0	2.5	4.0	5.0	8.0	10.0	12.0	15.0
铁的质量/μg	0	10	25	40	50	80	100	120	150

2. 用称量瓶称取 15～20 g 固体或 25～30 g 液体氢氧化钠样品，准确至 0.01 g。移入 500 mL 烧杯中，加水溶解约至 120 mL，加 2～3 滴对硝基酚指示剂溶液，用盐酸(ρ=1.19 g/mL)中和至黄色消失为止，再过量 2 mL，煮沸 5 min，冷却至室温后移入 250 mL 容量瓶中，用水稀释至刻度，摇匀。

3. 取 50.00 mL 试样溶液移入 100 mL 容量瓶中，加 5 mL 盐酸羟胺、20 mL 缓冲溶液及 5 mL 1,10-邻菲啰啉溶液，用水稀释至刻度，摇匀，静置 10 min。测定溶液的吸光度。

实验结果

以质量分数(%)表示的三氧化二铁的含量按下式计算：

$$w(Fe_2O_3)=\frac{m_1\times10^{-6}\times1.4297}{m\times\frac{50.00}{250}}\times100\%$$

式中 m_1——试液吸光度相对应的铁的质量，μg；

m——试样质量，g；

50.00——分取试液的体积，mL；

250——试液的体积，mL；

1.429 7——三氧化二铁与铁的折算系数。

注意事项

1. 显色过程中，每加一种试剂都要摇匀。

2. 试样和工作曲线测定的实验条件应保持一致，所以最好两者同时显色同时比色。

3. 待测试样应完全透明，如有浑浊，应预先过滤。

思考题

1. 加入对硝基酚指示剂,用盐酸中和的目的是什么?
2. 加入盐酸羟胺的目的是什么?
3. 试分析产生测定误差的原因。

实验三十六　乙酸乙酯含量的测定

【预习指导】

1. 气相色谱法测定乙酸乙酯含量的原理;
2. 气相色谱仪的使用方法;
3. 气相色谱分析结果的定量方法;
4. 皂化法测定乙酸乙酯含量的原理;
5. 回流装置的使用;
6. 皂化法测定乙酸乙酯含量的操作步骤。

一、气相色谱法

实验目的

1. 掌握气相色谱法测定乙酸乙酯含量的方法;
2. 掌握气相色谱仪的使用方法;
3. 使用面积归一化法计算气相色谱分析结果。

实验原理

试样及其被测组分被汽化后,随载气同时进入色谱柱进行分离,用热导检测器进行检测,以面积归一化法计算测定结果。

实验仪器

1. 气相色谱仪:配有热导检测器。
2. 恒温箱:能控制温度±1 ℃。

实验试剂

1. 固定液:聚乙二酸乙二酯。
2. 丙酮:分析纯。
3. 401 有机担体:0.18～0.25 mm(60～80 目)。

色谱条件

1. 色谱柱:柱长 2 m,内径 4 mm,不锈钢柱。
2. 配比:担体∶固定液(丙酮为溶剂)=100∶10。
3. 色谱柱的老化:利用分段老化,通载气先于 80 ℃下老化 2 h,逐渐升温至 120 ℃老化 2 h,再升温至 180 ℃老化 2 h。
4. 汽化室 250 ℃,检测室 130 ℃,柱温 130 ℃。
5. 载气:氢气,流速为 30 mL/min。
6. 桥电流:180 mA。
7. 出峰顺序:水、乙醇、乙酸乙酯。

实验步骤

1. 按仪器操作条件，启动气相色谱仪，同时打开色谱数据处理机或工作站。待仪器稳定后，进行下一步操作。

2. 进标准试样 2～4 μL，测定乙酸乙酯中水、乙醇的质量校正因子。

3. 进试样 2～4 μL，测定试样各组分的含量。

实验结果

乙酸乙酯中各组分的含量按下式计算：

$$w_i = \frac{f_i \times A_i}{\sum(f_i \times A_i)} \times 100\%$$

式中 w_i——以质量分数表示的组分 i 的含量，%；

f_i——组分 i 的校正因子；

A_i——组分 i 的峰面积。

注意事项

1. 工业乙酸乙酯中的各组分均有色谱峰时，才能使用面积归一化法来确定含量。

2. 因为乙酸乙酯试样中其他酯类杂质与乙酸乙酯的响应值接近，所以只对水和乙醇的质量校正因子进行校正，其他组分可不予校正。

二、皂化法

实验目的

1. 掌握皂化法测定乙酸乙酯含量的原理；

2. 学习回流装置的使用；

3. 掌握皂化法测定乙酸乙酯含量的操作步骤。

实验原理

乙酸乙酯试样与氢氧化钾乙醇溶液发生皂化反应，过量的氢氧化钾用盐酸标准滴定溶液返滴定，根据盐酸溶液的消耗量计算乙酸乙酯的含量；同时测定游离乙酸的含量，对测定结果进行校正。

实验仪器

1. 具塞磨口锥形瓶：250 mL。

2. 水冷式回流冷凝器：带磨口玻璃接头与锥形瓶匹配。

实验试剂

1. 氢氧化钾乙醇溶液：称取 56 g 氢氧化钾(精确至 0.1 g)，溶于 95%乙醇中并稀释至 1 000 mL。

2. 盐酸标准滴定溶液：1 mol/L。

3. 酚酞乙醇溶液：10 g/L。

4. 氢氧化钠标准滴定溶液：0.02 mol/L。

实验步骤

1. 用移液管移取 50 mL 氢氧化钾乙醇溶液于锥形瓶中，称取 2.0～2.4 g 试样(精确至 0.000 2 g)于溶液中。

2. 将装有试样的锥形瓶盖好磨口玻璃塞在室温(不低于 15 ℃)下放置 4 h，于锥形瓶中加入 2～3 滴酚酞指示剂，用盐酸标准滴定溶液滴定至淡粉色，同时做空白实验。

3. 同时测定乙酸乙酯中的游离乙酸含量，测定步骤如下：量取 10 mL 乙醇于 100 mL 锥形瓶中，加入 2 滴酚酞指示剂摇匀。用 0.02 mol/L 氢氧化钠标准滴定溶液滴定至溶液呈粉红色。加入 10 mL 试样并摇匀，用氢氧化钠标准滴定溶液滴定至粉红色，并保持 15 s 不褪色。

实验结果

乙酸乙酯产品中乙酸乙酯的含量按下式计算：

$$w_1=\frac{c_1\times(V_0-V_1)\times 0.088\ 11}{m}\times 100-\frac{88.11\times w_2}{60}$$

式中 w_1——乙酸乙酯产品中乙酸乙酯的含量，%；

c_1——盐酸标准滴定溶液的浓度，mol/L；

V_1——乙酸乙酯测定中消耗盐酸标准滴定溶液的体积，mL；

V_0——乙酸乙酯测定中空白实验消耗盐酸标准滴定溶液的体积，mL；

0.088 11——与 1.00 mL 盐酸标准滴定溶液[$c(HCl)=1$ mol/L]相当的，以克表示的乙酸乙酯的质量，g；

m——试样的质量，g；

w_2——乙酸乙酯产品中乙酸的含量，%。

乙酸乙酯产品中乙酸的含量按下式计算：

$$w_2=\frac{c_2\times V_2\times 0.060}{10\times\rho_1}\times 100\%$$

式中 c_2——氢氧化钠标准滴定溶液的浓度，mol/L；

V_2——乙酸测定中消耗氢氧化钠标准滴定溶液的体积，mL；

0.060——与 1.00 mL 氢氧化钠标准滴定溶液[$c(NaOH)=1$ mol/L]相当的，以克表示的乙酸的质量，g；

ρ_1——乙酸乙酯产品的密度，g/mL。

注意事项

1. 空气中乙酸乙酯最高容许浓度为 0.04%，实验应在通风橱中进行。

2. 乙酸乙酯的爆炸极限为 2.2%～11.5%，易与空气形成爆炸混合物，应保持室内空气的流通。

思考题

1. 当乙酸乙酯中有组分未出峰时，应用什么方法定量？

2. 面积归一化法的适用范围是什么？如何计算各组分的含量？

3. 将装有试样的锥形瓶在室温下放置 4 h 的目的是什么？

4. 为什么在测定游离乙酸含量时需将溶剂滴定到指示剂变色，而在乙酸乙酯含量测定时不需要？

附录一　工业分析实验常用指示剂

1.酸碱指示剂

酸碱指示剂

名称	变色范围(pH)	颜色变化	配制方法
甲基紫	0.13～0.50(第一次变色)	黄～绿	0.5 g/L 水溶液
	1.0～1.5(第二次变色)	绿～蓝	
	2.0～3.0(第三次变色)	蓝～紫	
百里酚蓝	1.2～2.8(第一次变色)	红～黄	1 g/L 乙醇溶液
甲酚红	0.12～1.8(第一次变色)	红～黄	1 g/L 乙醇溶液
甲基黄	2.9～4.0	红～黄	1 g/L 乙醇溶液
甲基橙	3.1～4.4	红～黄	1 g/L 水溶液
溴酚蓝	3.0～4.6	黄～紫	0.4 g/L 乙醇溶液
刚果红	3.0～5.2	蓝紫～红	1 g/L 水溶液
溴甲酚绿	3.8～5.4	黄～蓝	1 g/L 乙醇溶液
甲基红	4.4～6.2	红～黄	1 g/L 乙醇溶液
溴酚红	5.0～6.8	黄～红	1 g/L 乙醇溶液
溴甲酚紫	5.2～6.8	黄～紫	1 g/L 乙醇溶液
溴百里酚蓝	6.0～7.6	黄～蓝	1 g/L 乙醇[50%(体积分数)溶液]
中性红	6.8～8.0	红～亮黄	1 g /L 乙醇溶液
酚红	6.4～8.2	黄～红	1 g/L 乙醇溶液
甲酚红	7.0～8.8(第二次变色)	黄～紫红	1 g/L 乙醇溶液
百里酚蓝	8.0～9.6(第二次变色)	黄～蓝	1 g/L 乙醇溶液
酚酞	8.2～10.0	无～红	10 g/L 乙醇溶液
百里酚酞	9.4～10.6	无～蓝	1 g/L 乙醇溶液

酸碱混合指示剂

名称	变色点	颜色		配制方法	备注
		酸色	碱色		
甲基橙-靛蓝(二磺酸)	4.1	紫	绿	1份1 g/L甲基橙水溶液 1份2.5 g/L靛蓝(二磺酸)水溶液	
溴百里酚绿-甲基橙	4.3	黄	蓝绿	1份1 g/L溴百里酚绿钠盐水溶液 1份2 g/L甲基橙水溶液	pH=3.5 黄 pH=4.05 绿黄 pH=4.3 浅绿
溴甲酚绿-甲基红	5.1	酒红	绿	3份1 g/L溴甲酚绿乙醇溶液 1份2 g/L甲基红乙醇溶液	
甲基红-亚甲基蓝	5.4	红紫	绿	2份1 g/L甲基红乙醇溶液 1份1 g/L亚甲基蓝乙醇溶液	pH=5.2 红紫 pH=5.4 暗蓝 pH=5.6 绿
溴甲酚绿-氯酚红	6.1	黄绿	蓝紫	1份1 g/L溴甲酚绿钠盐水溶液 1份1 g/L氯酚红钠盐水溶液	pH=5.8 蓝 pH=6.2 蓝紫
溴甲酚紫-溴百里酚蓝	6.7	黄	蓝紫	1份1 g/L溴甲酚紫钠盐水溶液 1份1 g/L溴百里酚蓝钠盐水溶液	
中性红-亚甲基蓝	7.0	紫蓝	绿	1份1 g/L中性红乙醇溶液 1份1 g/L亚甲基蓝乙醇溶液	pH=7.0 蓝紫
溴百里酚蓝-酚红	7.5	黄	紫	1份1 g/L溴百里酚蓝钠盐水溶液 1份1 g/L酚红钠盐水溶液	pH=7.2 暗绿 pH=7.4 淡紫 pH=7.6 深紫
甲酚红-百里酚蓝	8.3	黄	紫	1份1 g/L甲酚红钠盐水溶液 3份1 g/L百里酚蓝钠盐水溶液	pH=8.2 玫瑰 pH=8.4 紫
百里酚蓝-酚酞	9.0	黄	紫	1份1 g/L百里酚蓝乙醇溶液 3份1 g/L酚酞乙醇溶液	
酚酞-百里酚酞	9.9	无	紫	1份1 g/L酚酞乙醇溶液 1份1 g/L百里酚酞乙醇溶液	pH=9.6 玫瑰 pH=10 紫

2. 金属指示剂

名称	颜色		配制方法
	化合物	游离态	
铬黑 T(EBT)	红	蓝	1. 称取 0.50 g 铬黑 T 和 2.0 g 盐酸羟胺，溶于乙醇，用乙醇稀释至 100 mL。使用前制备 2. 将 1.0 g 铬黑 T 与 100.0 g NaCl 研细，混匀
二甲酚橙(XO)	红	黄	2 g/L 水溶液(去离子水)
钙指示剂	酒红	蓝	0.50 g 钙指示剂与 100.0 g NaCl 研细，混匀
紫脲酸铵	黄	紫	1.0 g 紫脲酸铵与 200.0 g NaCl 研细，混匀
K-B 指示剂	红	蓝	0.50 g 酸性铬蓝 K 加 1.250 g 萘酚绿，再加 25.0 g K_2SO_4 研细，混匀
磺基水杨酸	红	无	10 g/L 水溶液
PNA	红	黄	2 g/L 乙醇溶液
Cu-PAN(CuY+PAN)	Cu-PAN 红	CuY+PAN 浅绿	0.05 mol/L Cu^{2+} 溶液 10 mL，加 pH=5～6 的 HAc 缓冲溶液5 mL，1 滴 PAN 指示剂，加热至 60 ℃左右，用 EDTA 滴定至绿色，得到约 0.025 mol/L 的 CuY 溶液。使用时取 2～3 mL 于试液中，再加数滴 PAN 溶液

3. 氧化还原指示剂

名称	变色点电压/V	颜色		配制方法
		氧化态	还原态	
二苯胺	0.76	紫	无	1 g 二苯胺在搅拌下溶于 100 mL 浓硫酸中
二苯胺磺酸钠	0.85	紫	无	5 g/L 水溶液
邻菲啰啉-Fe(Ⅱ)	1.06	淡蓝	红	0.5 g $FeSO_4 \cdot 7H_2O$ 溶于 100 mL 水中，加 2 滴硫酸，再加 0.5 g 邻菲啰啉
邻苯氨基苯甲酸	1.08	紫红	无	0.2 g 邻苯氨基苯甲酸，加热溶解在 100 mL 0.2% Na_2CO_3 溶液中，必要时过滤
硝基邻二氮菲-Fe(Ⅱ)	1.25	淡蓝	紫红	1.7 g 硝基邻二氮菲溶于 100 mL 0.025 mol/L Fe^{2+} 溶液中
淀粉				1 g 可溶性淀粉加少许水调成糊状，在搅拌下注入 100 mL 沸水中，微沸 2 min，放置，取上层清液使用(若要保持稳定，可在研磨淀粉时加 1 mg HgI_2)

4. 沉淀滴定指示剂

名称	颜色变化		配制方法
铬酸钾	黄	砖红	5 g K_2CrO_4 溶于水，稀释至 100 mL
硫酸铁铵	无	血红	40 g $NH_4Fe(SO_4)_2 \cdot 12\ H_2O$ 溶于水，加几滴硫酸，用水稀释至 100 mL
荧光黄	绿色荧光	玫瑰红	0.5 g 荧光黄溶于乙醇，用乙醇稀释至 100 mL
二氯荧光黄	绿色荧光	玫瑰红	0.1 g 二氯荧光黄溶于乙醇，用乙醇稀释至 100 mL
曙红	黄	玫瑰红	0.5 g 曙红钠盐溶于水，稀释至 100 mL

附录二　工业分析实验常用缓冲溶液

组成	pH	配制方法
HCl	1.0	0.1 mol/L HCl
HCl	2.0	0.01 mol/L HCl
NaAc-HAc	3.6	取 NaAc 4.8 g 溶于适量水中，加 6 mol/L HAc 134 mL，用水稀释至 500 mL
NaAc-HAc	4.0	取 NaAc 16 g 和 60 mL 冰醋酸溶于 100 mL 水中，用水稀释至 500 mL
$KHC_8H_4O_4$	4.01	称取在(115±5)℃下烘干 2～3 小时的 $KHC_8H_4O_4$ 10.21 g，溶于蒸馏水，在容量瓶中稀释至 1 L
NaAc-HAc	4.3	取 NaAc 20.4 g 和 25 mL 冰醋酸溶于适量水中，用水稀释至 500 mL
NaAc-HAc	4.5	取 NaAc 30 g 和 30 mL 冰醋酸溶于适量水中，用水稀释至 500 mL
NaAc-HAc	5.0	取 NaAc 60 g 和 30 mL 冰醋酸溶于适量水中，用水稀释至 500 mL
六次甲基四胺	5.4	取六次甲基四胺 40 g 溶于 90 mL 水中，加入 20 mL 6 mol/L HCl
NaAc-HAc	5.7	取 NaAc 60.3 g 溶于适量水中，加 6 mol/L HAc 13 mL，用水稀释至 500 mL
Na_2HPO_4-KH_2PO_4	6.86	称取在(115±5)℃下烘干 2～3 小时的 Na_2HPO_4 3.55 g 和 3.40 g KH_2PO_4 溶于蒸馏水，在容量瓶中稀释至 1 L
NH_4Ac	7.0	取 NH_4Ac 77 g 溶于适量水中，用水稀释至 500 mL
NH_4Cl-$NH_3 \cdot H_2O$	7.5	取 NH_4Cl 66 g 溶于适量水中，加浓氨水 1.4 mL，用水稀释至 500 mL
NH_4Cl-$NH_3 \cdot H_2O$	8.0	取 NH_4Cl 50 g 溶于适量水中，加浓氨水 3.5 mL，用水稀释至 500 mL
NH_4Cl-$NH_3 \cdot H_2O$	8.5	取 NH_4Cl 40 g 溶于适量水中，加浓氨水 8.8 mL，用水稀释至 500 mL
NH_4Cl-$NH_3 \cdot H_2O$	9.0	取 NH_4Cl 35 g 溶于适量水中，加浓氨水 24 mL，用水稀释至 500 mL
$Na_2B_4O_7 \cdot 10H_2O$	9.18	称取 $Na_2B_4O_7 \cdot 10H_2O$ 3.81 g(注意不能烘)，溶于蒸馏水，在容量瓶中稀释至 1 L
NH_4Cl-$NH_3 \cdot H_2O$	9.5	取 NH_4Cl 30 g 溶于适量水中，加浓氨水 65 mL，用水稀释至 500 mL
NH_4Cl-$NH_3 \cdot H_2O$	10.0	取 NH_4Cl 27 g 溶于适量水中，加浓氨水 175 mL，用水稀释至 500 mL
NH_4Cl-$NH_3 \cdot H_2O$	11.0	取 NH_4Cl 3 g 溶于适量水中，加浓氨水 207 mL，用水稀释至 500 mL
NaOH	12.0	0.01 mol/L NaOH
NaOH	13.0	0.1 mol/ L NaOH

附录三 工业分析实验常用物质的摩尔质量

物质	摩尔质量	物质	摩尔质量
Ag_3AsO_4	462.52	$BaCrO_4$	253.32
$AgBr$	187.77	BaO	153.33
$AgCl$	143.32	$Ba(OH)_2$	171.34
$AgCN$	133.89	$BaSO_4$	233.39
$AgSCN$	165.95	$BiCl_3$	315.34
Ag_2CrO_4	331.73	$BiOCl$	260.43
AgI	234.77	CO_2	44.01
$AgNO_3$	169.87	CaO	56.08
$AlCl_3$	133.34	$CaCO_3$	100.09
$AlCl_3 \cdot 6H_2O$	241.43	CaC_2O_4	128.10
$Al(NO_3)_3$	213.00	$CaCl_2$	110.99
$Al(NO_3)_3 \cdot 9H_2O$	375.13	$CaCl_2 \cdot 6H_2O$	219.08
Al_2O_3	101.96	$Ca(NO_3)_2 \cdot 4H_2O$	236.15
$Al(OH)_3$	78.00	$Ca(OH)_2$	74.10
$Al_2(SO_4)_3$	342.14	$Ca_3(PO_4)_2$	310.18
$Al_2(SO_4)_3 \cdot 18H_2O$	666.41	$CaSO_4$	136.14
As_2O_3	197.84	$CdCO_3$	172.42
As_2O_5	229.84	$CdCl_2$	183.32
As_2S_3	246.02	CdS	144.47
$BaCO_3$	197.34	$Ce(SO_4)_2$	332.24
BaC_2O_4	225.35	$Ce(SO_4)_2 \cdot 4H_2O$	404.30
$BaCl_2$	208.42	$CoCl_2$	129.84
$BaCl_2 \cdot 2H_2O$	244.27	$CoCl_2 \cdot 6H_2O$	237.93
$Co(NO_3)_2$	182.94	HF	20.01
$Co(NO_3)_2 \cdot 6H_2O$	291.03	HI	127.91
CoS	90.99	HIO_3	175.91
$CoSO_4$	154.99	HNO_3	63.01
$CoSO_4 \cdot 7H_2O$	281.10	HNO_2	47.01
$CO(NH_2)_2$	60.06	H_2O	18.015
$CrCl_3$	158.36	H_2O_2	34.02
$CrCl_3 \cdot 6H_2O$	266.45	H_3PO_4	98.00
$Cr(NO_3)_3$	238.01	H_2S	34.08
Cr_2O_3	151.99	H_2SO_3	82.07
$CuCl$	99.00	H_2SO_4	98.07
$CuCl_2$	134.45	$Hg(CN)_2$	252.63
$CuCl_2 \cdot 2H_2O$	170.48	$HgCl_2$	271.50
$CuSCN$	121.62	Hg_2Cl_2	472.09
CuI	190.45	HgI_2	454.40
$Cu(NO_3)_2$	187.56	$Hg_2(NO_3)_2$	525.19

（续表）

物质	摩尔质量	物质	摩尔质量
$Cu(NO_3)_2 \cdot 3H_2O$	241.60	$Hg_2(NO_3)_2 \cdot 2H_2O$	561.22
CuO	79.55	$Hg(NO_3)_2$	324.60
Cu_2O	143.09	HgO	216.59
CuS	95.61	HgS	232.65
$CuSO_4$	159.06	$HgSO_4$	296.65
$CuSO_4 \cdot 5H_2O$	249.68	Hg_2SO_4	497.24
$FeCl_2$	126.75	$KAl(SO_4)_2 \cdot 12H_2O$	474.38
$FeCl_2 \cdot 4H_2O$	198.81	KBr	119.00
$FeCl_3$	162.21	$KBrO_3$	167.00
$FeCl_3 \cdot 6H_2O$	270.30	KCl	74.55
$FeNH_4(SO_4)_2 \cdot 12H_2O$	482.18	$KClO_3$	122.55
$Fe(NO_3)_3$	241.86	$KClO_4$	138.55
$Fe(NO_3)_3 \cdot 9H_2O$	404.00	KCN	65.12
FeO	71.85	$KSCN$	97.18
Fe_2O_3	159.69	K_2CO_3	138.21
Fe_3O_4	231.54	K_2CrO_4	194.19
$Fe(OH)_3$	106.87	$K_2Cr_2O_7$	294.18
FeS	87.91	$K_3Fe(CN)_6$	329.25
Fe_2S_3	207.87	$K_4Fe(CN)_6$	368.35
$FeSO_4$	151.91	$KFe(SO_4)_2 \cdot 12H_2O$	503.24
$FeSO_4 \cdot 7H_2O$	287.01	$KHC_2O_4 \cdot H_2O$	146.14
$Fe(NH_4)_2(SO_4)_2 \cdot 6H_2O$	392.13	$KHC_2O_4 \cdot H_2C_2O_4 \cdot 2H_2O$	254.19
H_3AsO_3	125.94	$KHC_4H_4O_6$	188.18
H_3AsO_4	141.94	$KHSO_4$	136.16
H_3BO_3	61.83	KI	166.00
HBr	80.91	KIO_3	214.00
HCN	27.03	$KIO_3 \cdot HIO_3$	389.91
$HCOOH$	46.03	$KMnO_4$	158.03
CH_3COOH	60.05	$KNaC_4H_4O_6 \cdot 4H_2O$	282.22
H_2CO_3	62.03	KNO_3	101.10
$H_2C_2O_4$	90.04	KNO_2	85.10
$H_2C_2O_4 \cdot 2H_2O$	126.07	K_2O	94.20
HCl	36.46	KOH	56.11
K_2SO_4	174.25	$Na_2H_2Y \cdot 2H_2O$	372.24
$MgCO_3$	84.31	$NaNO_2$	69.00
$MgCl_2$	95.21	$NaNO_3$	85.00
$MgCl_2 \cdot 6H_2O$	203.30	Na_2O	61.98
MgC_2O_4	112.33	Na_2O_2	77.98
$Mg(NO_3)_2 \cdot 6H_2O$	256.41	$NaOH$	40.00
$MgNH_4PO_4$	137.32	Na_3PO_4	163.94
MgO	40.30	Na_2S	78.04
$Mg(OH)_2$	58.32	$Na_2S \cdot 9H_2O$	240.18

（续表）

物质	摩尔质量	物质	摩尔质量
$Mg_2P_2O_7$	222.55	Na_2SO_3	126.04
$MgSO_4 \cdot 7H_2O$	246.47	Na_2SO_4	142.04
$MnCO_3$	114.95	$Na_2S_2O_3$	158.10
$MnCl_2 \cdot 4H_2O$	197.91	$Na_2S_2O_3 \cdot 5H_2O$	248.17
$Mn(NO_3)_2 \cdot 6H_2O$	287.04	$NiCl_2 \cdot 6H_2O$	237.70
MnO	70.94	NiO	74.70
MnO_2	86.94	$Ni(NO_3)_2 \cdot 6H_2O$	290.80
MnS	87.00	Ni	90.76
$MnSO_4$	151.00	$NiSO_4 \cdot 7H_2O$	280.86
$MnSO_4 \cdot 4H_2O$	223.06	P_2O_5	141.95
NO	30.01	$PbCO_3$	267.21
NO_2	46.01	PbC_2O_4	295.22
NH_3	17.03	$PbCl_2$	278.11
CH_3COONH_4	77.08	$PbCrO_4$	323.19
NH_4Cl	53.49	$Pb(CH_3COO)_2$	325.29
$(NH_4)_2CO_3$	96.09	$Pb(CH_3COO)_2 \cdot 3H_2O$	379.34
$(NH_4)_2C_2O_4$	124.10	PbI_2	461.01
$(NH_4)_2C_2O_4 \cdot H_2O$	142.11	$Pb(NO_3)_2$	331.21
NH_4SCN	76.12	PbO	223.20
NH_4HCO_3	79.06	PbO_2	239.20
$(NH_4)_2MoO_4$	196.01	$Pb(PO_4)_2$	811.54
NH_4NO_3	80.04	PbS	239.26
$(NH_4)_2HPO_4$	132.06	SO_3	303.26
$(NH_4)_2S$	68.14	SO_2	80.06
$(NH_4)_2SO_4$	132.13	$SbCl_3$	64.06
NH_4VO_3	116.98	$SbCl_5$	228.11
Na_3AsO_3	191.89	Sb_2O_3	299.02
$Na_2B_4O_7$	201.22	Sb_2S_3	291.50
$Na_2B_4O_7 \cdot 10H_2O$	381.37	SiF_4	339.68
$NaBiO_3$	279.97	SiO_2	104.08
NaCN	49.01	$SnCl_2$	60.08
NaSCN	81.07	$SnCl_2$	189.60
Na_2CO_3	105.99	$SnCl_2 \cdot 2H_2O$	225.63
$Na_2CO_3 \cdot 10H_2O$	286.14	$SnCl_4$	260.50
$Na_2C_2O_4$	134.00	$SnCl_4 \cdot 5H_2O$	350.58
CH_3COONa	82.03	SnO_2	150.69
$CH_3COONa \cdot 3H_2O$	136.08	SnS_2	150.75
NaCl	58.44	$SrCO_3$	147.63
NaClO	74.44	SrC_2O_4	175.64
$NaHCO_3$	84.01	$SrCrO_4$	203.61
$Na_2HPO_4 \cdot 12H_2O$	358.14	$Sr(NO_3)_2$	211.63
$Sr(NO_3)_2 \cdot 4H_2O$	283.69	$Zn(CH_3COO)_2 \cdot 2H_2O$	219.50
$SrSO_4$	183.69	$Zn(NO_3)_2$	189.39
$UO_2(CH_3COO)_2 \cdot 2H_2O$	424.15	$Zn(NO_3)_2 \cdot 6H_2O$	297.48
$ZnCO_3$	125.39	ZnO	81.38
ZnC_2O_4	153.40	ZnS	97.44
$ZnCl_2$	136.29	$ZnSO_4$	161.44
$Zn(CH_3COO)_2$	183.47	$ZnSO_4 \cdot 7H_2O$	287.55

附录四　工业分析实验常用基准物的干燥条件

基准物		干燥后	干燥条件/ ℃	标定对象
物质	化学式			
碳酸氢钠	$NaHCO_3$	Na_2CO_3	270～300	酸
碳酸钠	$Na_2CO_3 \cdot 10H_2O$	Na_2CO_3	270～300	酸
硼砂	$Na_2B_4O_7 \cdot 10H_2O$	$Na_2B_4O_7 \cdot 10H_2O$	放在含 NaCl 和蔗糖饱和液的干燥器中	酸
碳酸氢钾	$KHCO_3$	K_2CO_3	270～300	酸
草酸	$H_2C_2O_4 \cdot 2H_2O$	$H_2C_2O_4 \cdot 2H_2O$	室温空气干燥	碱或 $KMnO_4$
邻苯二甲酸氢钾	$KHC_8H_4O_4$	$KHC_8H_4O_4$	110～120	碱
重铬酸钾	$K_2Cr_2O_7$	$K_2Cr_2O_7$	140～150	还原剂
溴酸钾	$KBrO_3$	$KBrO_3$	130	还原剂
碘酸钾	KIO_3	KIO_3	130	还原剂
铜	Cu	Cu	室温干燥器中保存	还原剂
三氧化二砷	As_2O_3	As_2O_3	室温干燥器中保存	还原剂
草酸钠	$Na_2C_2O_4$	$Na_2C_2O_4$	130	氧化剂
碳酸钙	$CaCO_3$	$CaCO_3$	110	EDTA
锌	Zn	Zn	室温干燥器中保存	EDTA
氧化锌	ZnO	ZnO	900～1 000	EDTA
氯化钠	NaCl	NaCl	500～600	$AgNO_3$
氯化钾	KCl	KCl	500～600	$AgNO_3$
硝酸银	$AgNO_3$	$AgNO_3$	280～290	氯化物
氨基磺酸	$HOSO_2NH_2$	$HOSO_2NH_2$	在真空 H_2SO_4 干燥中保存 48 h	碱

附录五　工业分析实验分光光度法测定波长选择范围

溶液颜色	测定波长范围/nm	互补色
黄绿	400～435	紫
黄	435～480	蓝
橙	480～490	绿蓝
红	490～500	蓝绿
红紫	500～560	绿
紫	560～580	黄绿
蓝	580～595	黄
绿蓝	595～610	橙
蓝绿	610～750	红

附录六　工业分析实验常用溶液的配制方法

1. 酸溶液

名称	化学式	浓度	配制方法
硝酸	HNO_3	16 mol/L	浓硝酸
		6 mol/L	取 16 mol/L 硝酸 375 mL，用水稀释至 1 L
		1 mol/L	取 16 mol/L 硝酸 63 mL，用水稀释至 1 L
		0.1 mol/L	取 16 mol/L 硝酸 6.3 mL，用水稀释至 1 L
盐酸	HCl	12 mol/L	浓盐酸
		6 mol/L	取 12 mol/L 盐酸与等体积水混合
		3 mol/L	取 12 mol/L 盐酸 250 mL，用水稀释至 1 L
		2 mol/L	取 12 mol/L 盐酸 167 mL，用水稀释至 1 L
		0.1 mol/L	取 12 mol/L 盐酸 8.3 mL，用水稀释至 1 L
		10%	取 12 mol/L 盐酸 237 mL，用水稀释至 1 L
硫酸	H_2SO_4	18 mol/L	浓硫酸
		3 mol/L	取 18 mol/L 硫酸 167 mL，缓缓倒入 833 mL 水中
		2 mol/L	取 18 mol/L 硫酸 111 mL，缓缓倒入 888 mL 水中
醋酸	HAc	17 mol/L	浓醋酸
		1∶1	取 17 mol/L 醋酸与等体积水混合
		1 mol/L	取 17 mol/L 醋酸 58 mL，用水稀释至 1 L
硫磷混酸	H_2SO_4-H_3PO_4		取 700 mL 水加入 150 mL 浓磷酸，再缓缓加入 150 mL 浓硫酸
硫磷混酸	H_2SO_4-H_3PO_4		将浓磷酸与 1∶1 硫酸等体积混合

2. 碱溶液

名称	化学式	浓度	配制方法
氢氧化钠	NaOH	6 mol/L	取 240 g 氢氧化钠溶于适量水中，用水稀释至 1 L
		2 mol/L	取 80 g 氢氧化钠溶于适量水中，用水稀释至 1 L
		0.5 mol/L	取 20 g 氢氧化钠溶于适量水中，用水稀释至 1 L
		0.1 mol/L	取 4 g 氢氧化钠溶于适量水中，用水稀释至 1 L
		20%	取 20 g 氢氧化钠溶于适量水中，用水稀释至 100 mL
		10%	取 10 g 氢氧化钠溶于适量水中，用水稀释至 100 mL
氢氧化钾	KOH	2 mol/L	取 112 g 氢氧化钾溶于适量水中，用水稀释至 1 L
氨水	$NH_3 \cdot H_2O$	1∶1	取浓氨水与等体积水混合
		3 mol/L	取浓氨水 200 mL 用水稀释至 1 L

3. 盐溶液

名称	化学式	浓度	配制方法
碘化钾	KI	20%	取碘化钾 20 g 溶于适量水中,用水稀释至 100 mL
高锰酸钾	$KMnO_4$	4%	取高锰酸钾 4 g 溶于适量水中,用水稀释至 100 mL
		0.005%	取高锰酸钾 0.005 g 溶于适量水中,用水稀释至 100 mL
溴酸钾-溴化钾	$KBrO_3$-KBr	0.1 mol/L	取溴酸钾 3 g 和溴化钾 15 g 溶于适量水中,用水稀释至 1 L
铬酸钾	K_2CrO_4	5%	取铬酸钾 5 g 溶于适量水中,用水稀释至 100 mL
硫化钠	Na_2S	5%	取硫化钠 5 g 溶于适量水中,用水稀释至 100 mL
钨酸钠	Na_2WO_4	2.5%	取 5%钨酸钠与 15%磷酸等体积混合
醋酸钠	NaAc	1 mol/L	取醋酸钠 136 g 溶于适量水中,用水稀释至 1 L
硫氰化铵	NH_4CNS	2%	取硫氰化铵 20 g 溶于适量水中,用水稀释至 100 mL
		10%	取硫氰化铵 10 g 溶于适量水中,用水稀释至 100 mL
氟氢化铵	NH_4HF_2	20%	取氟氢化铵 20 g 溶于适量水中,用水稀释至 100 mL
铁铵矾	$NH_4Fe(SO_4)_2 \cdot 12H_2O$	10%	取 $NH_4Fe(SO_4)_2 \cdot 12H_2O$ 10 g 溶于 10 mL 3 mol/L H_2SO_4 中,并用水稀释至 100 mL
氯化钡	$BaCl_2 \cdot 2H_2O$	0.5 mol/L	取 $BaCl_2 \cdot 2H_2O$ 122 g 溶于适量水中,用水稀释至 1 L
硝酸银	$AgNO_3$	1%	取硝酸银 1 g 溶于适量水中,用水稀释至 100 mL
硫酸铜	$CuSO_4 \cdot 5H_2O$	0.4%	取 $CuSO_4 \cdot 5H_2O$ 0.4 g 溶于适量水中,用水稀释至 100 mL
氯化亚锡	$SnCl_2 \cdot 2H_2O$	15%	取 $SnCl_2 \cdot 2H_2O$ 15 g 加入 6 mol/L HCl 40 mL,加热溶解,放入几粒锡粒,用水稀释至 100 mL
三氯化钛	$TiCl_3$	6%	取 40 mL 15% $TiCl_3$ 溶解,加入 20 mL 浓 HCl,加水稀释至 100 mL,加入 3 粒无砷锌,放置过夜使用

参考文献

1. 张锦柱. 工业分析. 重庆:重庆大学出版社,1996

2. 中国建筑材料科学研究院水泥所. 水泥及其原料化学分析. 北京:中国建筑出版社,1995

3. 王英健,杨永红. 环境监测. 北京:化学工业出版社,2004

4. 高检群. 化肥检验. 北京:中国财政经济出版社,1976

5. 刘德峥,田铁牛. 精细化工生产技术. 北京:化学工业出版社,2004

6. 张小康,张正兢. 工业分析. 北京:化学工业出版社,2004

7. 四川省农业科学院农药研究所. 农药分析. 北京:石油化学工业出版社,1976

8. 穆华荣,于淑萍. 食品分析. 北京:化学工业出版社,2004

9. 王宝仁,孙乃有. 石油产品分析. 北京:化学工业出版社,2004

10. 牛桂玲,王英健. 精细化学品分析. 北京:高等教育出版社,2006

11. 吉分平. 工业分析. 北京:化学工业出版社,1998

12. 周庆余. 工业分析综合实验. 北京:化学工业出版社,1991

13. 黄一石,乔子荣. 定量化学分析. 北京:化学工业出版社,2004